潜《せん》入《にゅう》！ 1 宇《う》宙《ちゅう》にはじまりはある？——ニュートンほか

天才科学者の実《じっ》験《けん》室《しつ》

わたしたちが
紹介《しょうかい》するよ
Dr.シュガー
COBON《こぼん》ちゃん

佐藤文隆 編著　くさばよしみ 著　たなべたい 絵

目 次

汐文社《ちょうぶんしゃ》

地球《ちきゅう》をはかる

いまではたった8時間で人工衛星《じんこうえいせい》が地球《ちきゅう》を一周《いっしゅう》しているけれど、何千年も前に一周《いっしゅう》しないで地球《ちきゅう》の大きさを計算した人がいた。どうしてそんなことができたのだろう？

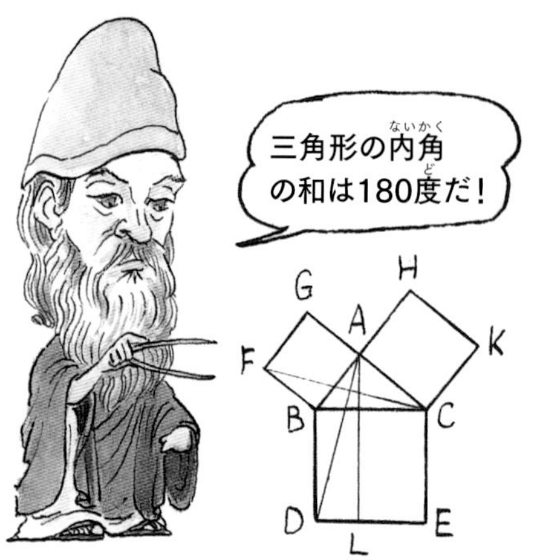

三角形の内角《ないかく》の和は180度《ど》だ！
G
H
A
F
K
B
C
D
L
E

ユークリッド
紀元前《きげんぜん》300ごろ

形を数字であらわす方法《ほうほう》を考えた。

地震《じしん》で陸《りく》が動くのもわかりマス
わしの一歩は2尺《しゃく》3寸《すん》。むこうの海岸まで何歩かな
こんなのムリ…！なにか方法があるはずだ
地球《ちきゅう》はホントにまるかった！
数字で考えれば、地球《ちきゅう》だって動かせるかも！？

人工衛星《じんこうえいせい》
1957～

空から地球《ちきゅう》を見張っている。

伊能忠敬《いのうただたか》
1745～1818

日本中を歩いて地図を作った。

エラトステネス
紀元前《きげんぜん》276～194

ユークリッドやアルキメデスの方法《ほうほう》を使って、地球《ちきゅう》の大きさをはかった。

マゼラン
1480～1521

船で地球《ちきゅう》を一周《いっしゅう》した。

アルキメデス
紀元前《きげんぜん》287～212

身のまわりの問題を、数字を使って解《と》こうとした。

自然《しぜん》を計算する

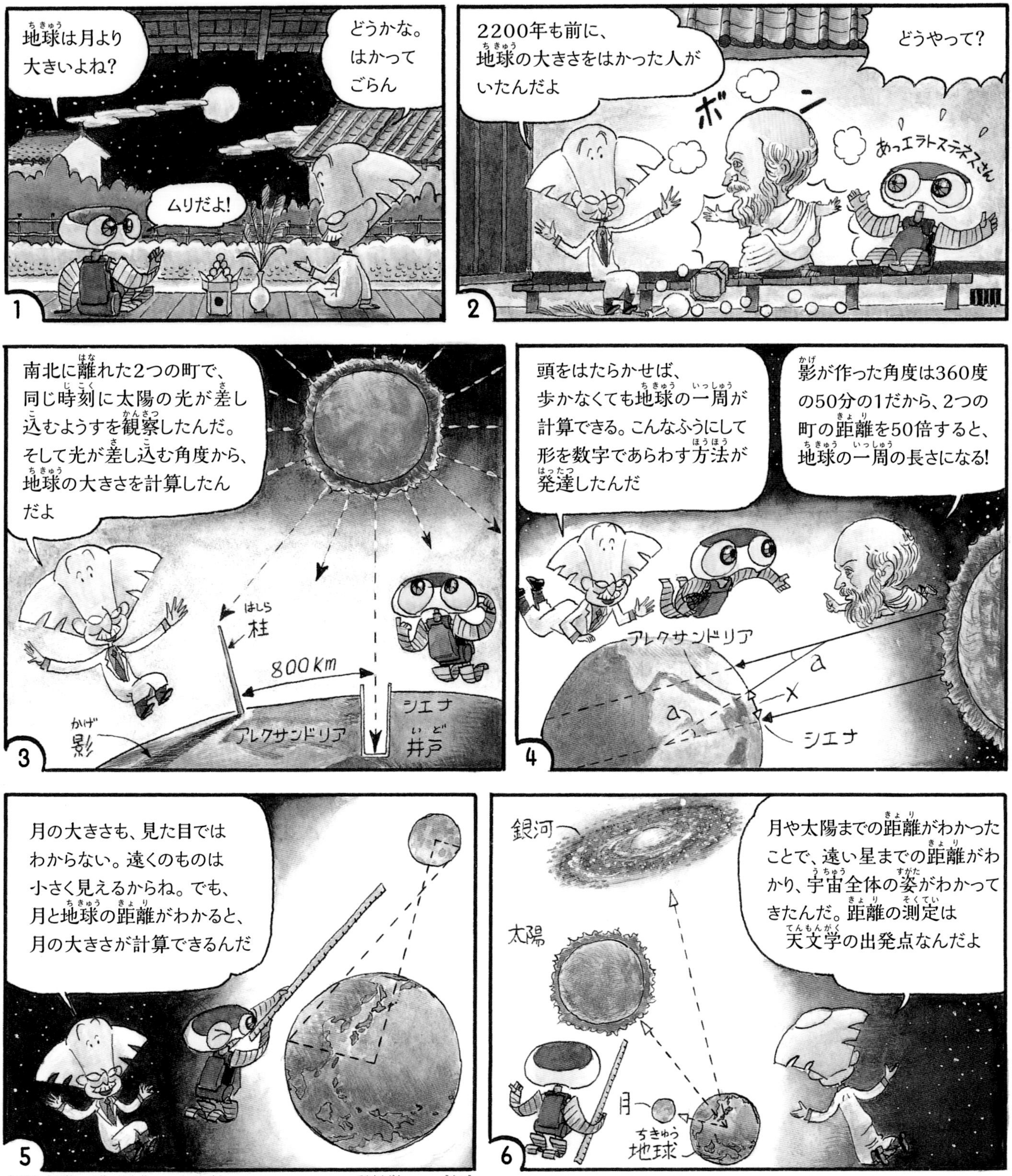

地球《ちきゅう》は月より大きいよね?
どうかな。はかってごらん
ムリだよ!
2200年も前に、地球《ちきゅう》の大きさをはかった人がいたんだよ
ボン
どうやって?
あっエラトステネスさん
南北に離《はな》れた2つの町で、同じ時刻《じこく》に太陽の光が差《さ》し込《こ》むようすを観察《かんさつ》したんだ。そして光が差《さ》し込《こ》む角度から、地球《ちきゅう》の大きさを計算したんだよ
柱《はしら》
800km
シエナ
アレクサンドリア
影《かげ》
井戸《いど》
頭をはたらかせば、歩かなくても地球《ちきゅう》の一周《いっしゅう》が計算できる。こんなふうにして形を数字であらわす方法《ほうほう》が発達《はったつ》したんだ
影《かげ》が作った角度は360度の50分の1だから、2つの町の距離《きょり》を50倍すると、地球《ちきゅう》の一周《いっしゅう》の長さになる!
アレクサンドリア
a
x
a
シエナ
月の大きさも、見た目ではわからない。遠くのものは小さく見えるからね。でも、月と地球《ちきゅう》の距離《きょり》がわかると、月の大きさが計算できるんだ
銀河
太陽
月
地球《ちきゅう》
月や太陽までの距離《きょり》がわかったことで、遠い星までの距離《きょり》がわかり、宇宙《うちゅう》全体の姿《すがた》がわかってきたんだ。距離《きょり》の測定《そくてい》は天文学《てんもんがく》の出発点なんだよ

内角《ないかく》:内側《うちがわ》の角《かど》の角度《かくど》。 2尺《しゃく》3寸《すん》:およそ70センチ。 天文学《てんもんがく》:星や宇宙《うちゅう》を研究する学問。

エラトステネスの実験室《じっけんしつ》

エラトステネスは世界最大《さいだい》の図書館の館長だった。世界中から集められた本を読み、数学や天文学《てんもんがく》で多くの発見《はっけん》をした。

巻《ま》き物《もの》の本
本だな
図書館員《としょかんいん》
はしご
エラトステネス
エラトステネスのふるい
アレクサンドリア図書館は、2300年ほど前にいまのエジプトに建《た》てられた。この時代の本は、パピルスという草でできた巻《ま》き物《もの》だったんだよ。
エラトステネスの地図
EUROPE
ASIA
INDIA
コンパス
エラトステネスは、素数《そすう》
見つける方法《ほうほう》も考えだ
た。素数《そすう》というのは、
り切れない数のことだ。

柱
ロープ
柱を立てて、地面にできる影《かげ》の長さを調べているところだよ。太陽の光を利用《りよう》して、地球《ちきゅう》の大きさをはかろうとしているんだ。
柱の長さ
図書館員《としょかんいん》
影《かげ》の長さ
一辺《いっぺん》が柱の長さ、もう一辺《いっぺん》が柱の影《かげ》の長さとする三角形を描《えが》き、机《つくえ》の上であつかえる大きさに縮小《しゅくしょう》する。この三角形をたくさん作って円形にならべて、三角形が何個必要《なんこひつよう》かを数える（左の机《つくえ》の上を見てね）。そこから、地球《ちきゅう》の大きさを計算したんだ。
巻《ま》き物《もの》の本

はかる

「はかる」ことは「くらべる」こと

昔《むかし》から人びとは、なにかとなにかをくらべていろんなものをはかってきた。長さも重さも時間も、「もとになるもの」を決めて、それとくらべた。

いまはすぐに数字に置《お》きかえているけれど、もとにしたものとくらべていることに変《か》わりはないんだ。

5センチは、ひとめもりの5つ分だね！

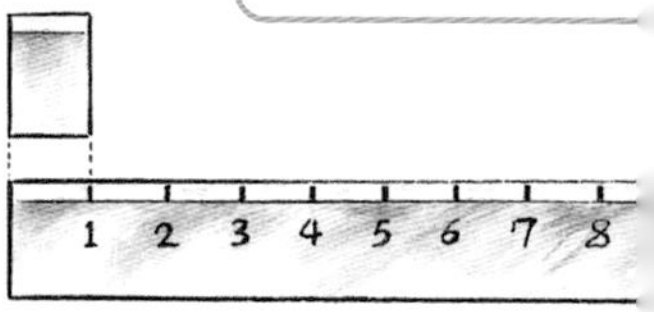

三角形を使ってはかる

手が届《とど》かない大きな物は、どうやってはかればよいだろう。

①三角じょうぎを動かして、Aの辺《へん》をのばした先が木のてっぺんにピタッと合う場所を探《さが》す。

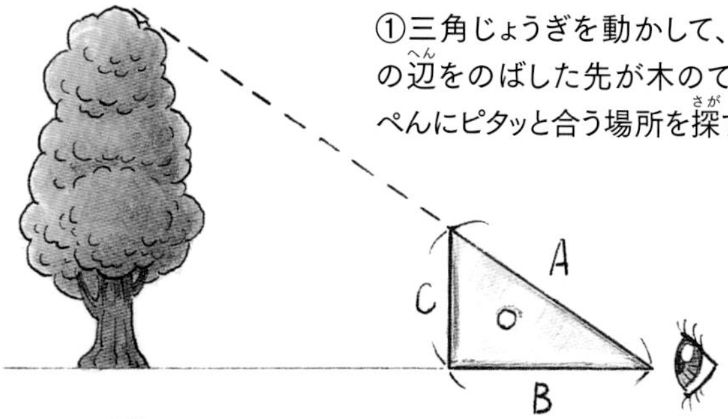

②その場所と木までの距離《きょり》が、Bの長さの何倍かを計算する。

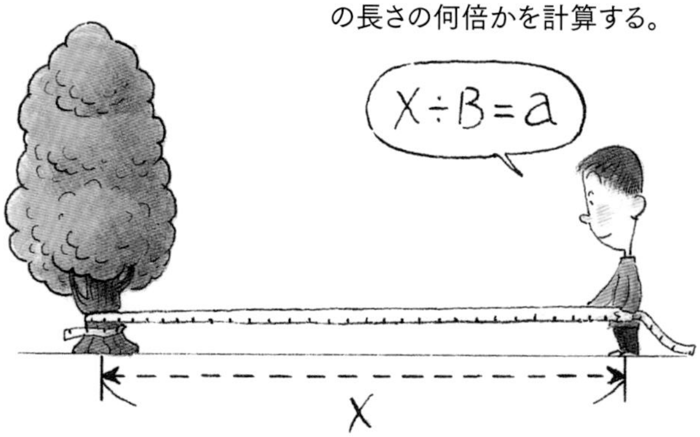

③この倍数をCの長さにかけると、木の高さが出るよ。

エラトステネスも、同じ形で大きさのちがう三角形をくらべる方法《ほうほう》を使って、地球《ちきゅう》をはかったんだ。同じ形を見つけてくらべると、そのままじゃはかれないものもはかれるんだよ。

いろんなものを数字であらわす

ユークリッドは、形を数の計算で考える方法《ほうほう》をあみだした。

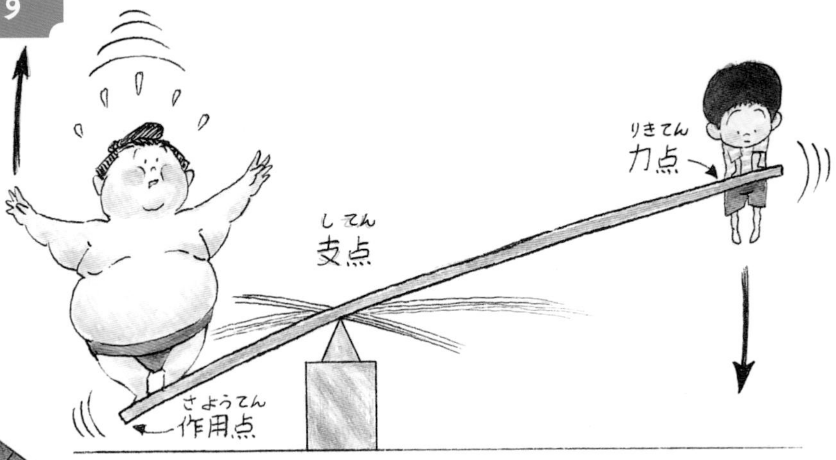

三角形の3つの辺《へん》の長さのカンケイを、四角の数で考えてみよう。

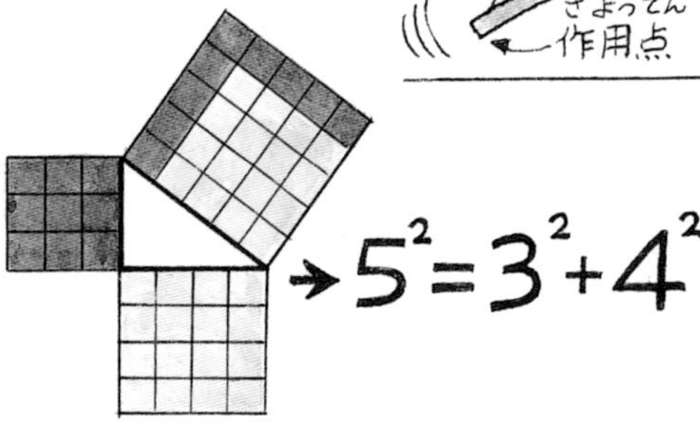

アルキメデスは、長さや重さを数字で考えて、小さな力で重いものを持ち上げる方《ほう》法《ほう》をあみだした。

宇宙《うちゅう》からはかる

いまは、地球《ちきゅう》をとりかこんでいる人工《じんこう》衛星《えいせい》を使って、キミがいま地球《ちきゅう》上のどこにいるかを計算できる。

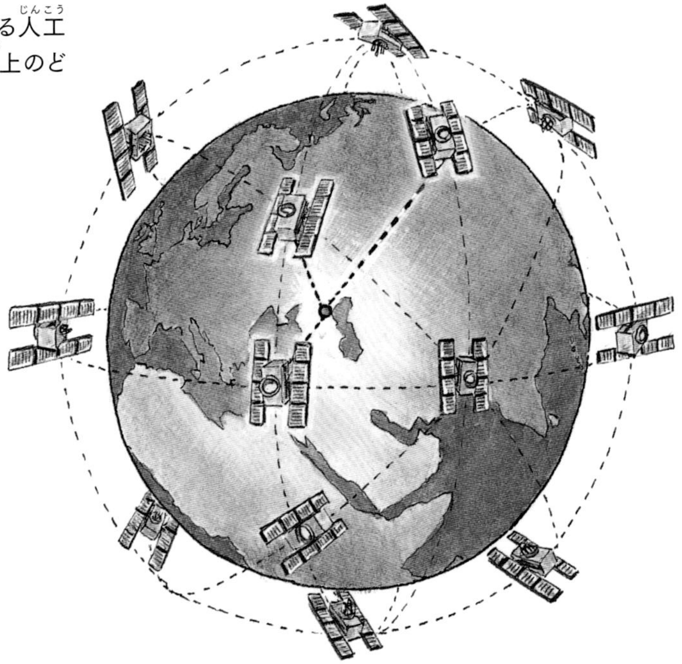

地震《じしん》が起きたり、北極《ほっきょく》や南極《なんきょく》の氷がとけたりすると、地球《ちきゅう》が回る速さはほんのちょっと変《か》わるんだ。そんな変化《へんか》も、人工衛星《じんこうえいせい》からの信号《しんごう》でわかるんだよ。

天と地は同じ法則《ほうそく》

物が落ちるのも、地球《ちきゅう》が太陽を回っているのも、原因《げんいん》は同じなんだ。「重力《じゅうりょく》」という目に見えない引力が、はたらいているんだよ。

地球《ちきゅう》のまわりを太陽や星が回っているんだ！
ちがう！　太陽のまわりを地球《ちきゅう》が回っているんだ！
重力《じゅうりょく》で空間がゆがむんだ！
$R_{\mu\nu}-\frac{1}{2}g_{\mu\nu}R=-\frac{8\pi G}{c^4}T_{\mu\nu}$
$ds=c^2(1-\frac{2Gm}{rc^2})dt^2-(1-\frac{2Gm}{rc^2})dr^2-r^2d\Omega^2$
アインシュタイン
1879〜1955
光も重力《じゅうりょく》で曲がることを発見した。
プトレマイオス
83ごろ〜168ごろ
星座《せいざ》の間をデタラメに動くように見える惑星《わくせい》は、ある規則《きそく》にしたがって動いていると考えた。
コペルニクス
1473〜1543
太陽がのぼってしずむのは、地球《ちきゅう》が回っているからだと気がついた。
月にも地球《ちきゅう》と同じように山があるぞ
太陽系《たいようけい》は引力の実験室《じっけんしつ》だ！
ガリレオ
1564〜1642
望遠鏡《ぼうえんきょう》で月や太陽を観察《かんさつ》して、天は特別《とくべつ》な場所ではないと知った。
こんなでかい望遠鏡《ぼうえんきょう》を作ったよ
ニュートン
1642〜1727
星の動きは、算数の式であらわせることを発見した。
ブラーエ
1546〜1601
太陽と惑星《わくせい》の動きを正確《せいかく》に観測《かんそく》した。

宇宙《うちゅう》のことは地球《ちきゅう》にいてもわかる

お月さまは、地球《ちきゅう》のまわりを飛行機《ひこうき》みたいに飛《と》んでいるの?
いや、人工衛星《じんこうえいせい》と同じように、燃料《ねんりょう》なしで飛《と》んでいるんだよ
1
ボールみたいだね。でもボールは最後《さいご》に落っこちるよ
力いっぱい投げれば、遠くまで飛《と》ぶよね。どんどん大きな力で投げれば、地球《ちきゅう》をまたぐ距離《きょり》にもなるよ
2
地球《ちきゅう》から出ていってしまうよ!
いや、「落ちる」のと「出ていってしまう」の間に「グルグル回る」場合があるんだ。ボールを地球《ちきゅう》に落とす力で、月は回っているんだよ
③
①
②
3
月みたいに遠い所まで、落とす力がはたらくの?
それを考えたのがニュートンだ。リンゴが木から落ちることと月が地球《ちきゅう》を回ることを結《むす》びつけたんだ
4
でも、月のことが地上にいてわかるの?
うん。宇宙《うちゅう》は地上と同じだとわかったから、地上で実験《じっけん》して宇宙《うちゅう》のナゾを解《と》いていくんだよ
5
ニュートンより前に、ガリレオが「宇宙《うちゅう》も地上も同じ法則《ほうそく》だ」と熱心《ねっしん》にいっていたんだ。ニュートンはその考えを引きついだのさ
地球《ちきゅう》や惑星《わくせい》は太陽に引っ張《ぱ》られて、落ちながら回っている!
かがく
6

惑星《わくせい》:水星、金星、地球《ちきゅう》、火星、木星、土星などのように、太陽のまわりを回る星のこと。
燃料《ねんりょう》:物を動かすもとになる材料《ざいりょう》。

ニュートンの実験室《じっけんしつ》

星の法則《ほうそく》が自分の考えた計算方法《ほうほう》で導《みちび》き出せることを証明《しょうめい》するために、遠くまで見える望遠鏡《ぼうえんきょう》作りに精《せい》を出し、光の実験《じっけん》にも熱心《ねっしん》にとりくんだ。

たくさんの本
光を映《うつ》すスクリーン
鉱物《こうぶつ》をとかすためのコンロ
ニュートンは錬金術《れんきんじゅつ》にも手を出していたんだ。さまざまな物から金を作ろうとする実験《じっけん》だよ。
だんろ
液体《えきたい》を入れるビン
おけ
どうして光の実《じっ》験《けん》をしているの？
すりつぶす乳鉢《にゅうばち》と乳棒《にゅうぼう》
実験助手《じっけんじょしゅ》
ニュートンに文句《もんく》をつける人がいたんだ。「星の動きがキミの計算どおりだとしても、空気を通して星を見ているから、ほんとうかどうかわからないよ」ってね。そこで、目で見た星の動きが正しいことを証明《しょうめい》するために、光が空気の中をまっすぐ進むことを確《たし》かめようとした。

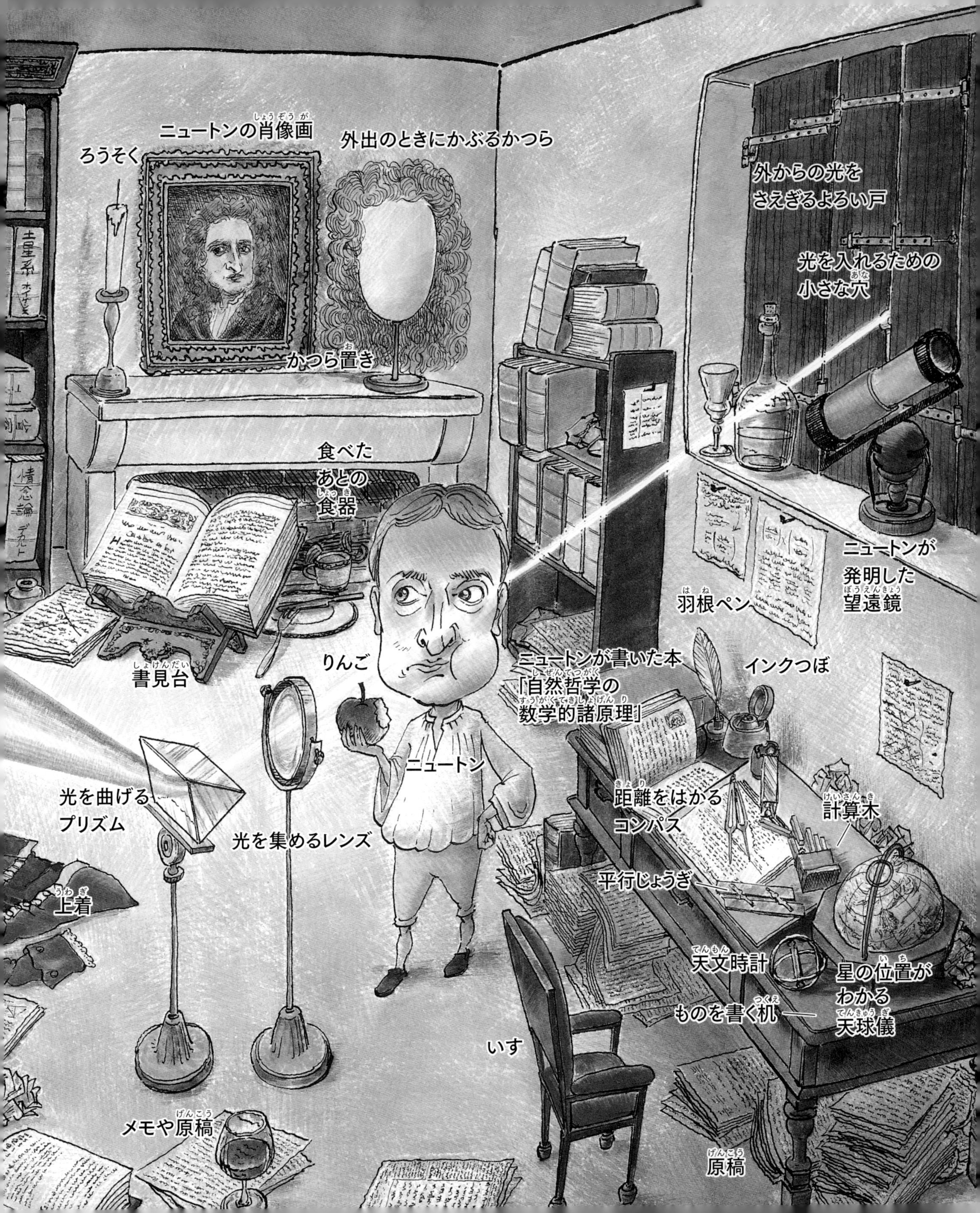
ろうそく
ニュートンの肖像画《しょうぞうが》
外出のときにかぶるかつら
かつら置《お》き
外からの光を
さえぎるよろい戸
光を入れるための
小さな穴《あな》
食べた
あとの
食器《しょっき》
ニュートンが
発明した
望遠鏡《ぼうえんきょう》
羽根《はね》ペン
書見台《しょけんだい》
りんご
ニュートンが書いた本
「自然哲学《しぜんてつがく》の
数学的諸原理《すうがくてきしょげんり》」
インクつぼ
ニュートン
光を曲げる
プリズム
光を集めるレンズ
距離《きょり》をはかる
コンパス
計算木《けいさんき》
平行じょうぎ
上着《うわぎ》
天文《てんもん》時計
星の位置《いち》が
わかる
天球儀《てんきゅうぎ》
ものを書く机《つくえ》
いす
メモや原稿《げんこう》
原稿《げんこう》

目には見えないものを見つける

実験《じっけん》した

高い所から落としてみた

ガリレオは、地球《ちきゅう》が動いていても物が真下《ました》に落ちる理由を解《と》き明かした。

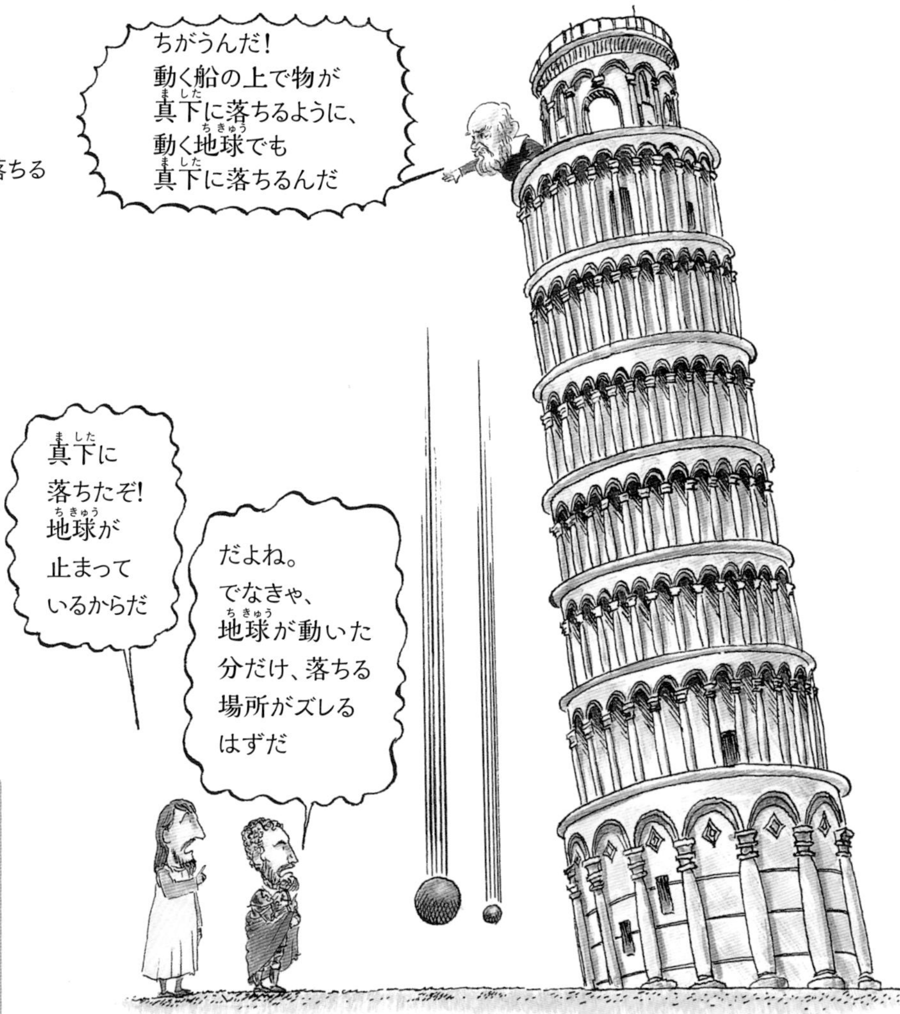
ちがうんだ！動く船の上で物が真下《ました》に落ちるように、動く地球《ちきゅう》でも真下《ました》に落ちるんだ
真下《ました》に落ちたぞ！地球《ちきゅう》が止まっているからだ
だよね。でなきゃ、地球《ちきゅう》が動いた分だけ、落ちる場所がズレるはずだ

ガリレオの時代には、こんなに短い時間を正確《せいかく》にはかる時計がなかった。そこでガリレオは、玉を手からはなすときに容器のせんを開《あ》け、目盛《めも》りまでころがったときにせんを閉《し》めて、たまった水の量でかかった時間を調べたらしい。

落ち方を調べてみた

さらにガリレオは、物が自然に落ちるとき、なにかの決まりがあるはずだと考えた。しかし上から落とすとあっというまに下に着くから、決まりを見つけるのはむずかしい。そこで、ななめにした台の上をころがし、そのスピードがどんどん速くなることを発見した。

ってことは、引っ張《ぱ》る力がどんどん強くなるってことか？

ガリレオは台のかたむきを変《か》えて、ころがり落ちるスピードがどう変《か》わるかも調べたんだよ。

観察《かんさつ》した

月や太陽をくわしく見たい！

ガリレオの時代のヨーロッパでは、「天は天国で、地上とは別世界《べっせかい》だ」というキリスト教の教えが信じられていた。ガリレオはそれがほんとうか確《たし》かめようと、月や太陽をつぶさに観察《かんさつ》した。

月の表面はデコボコです。太陽では黒い点があらわれたり消えたりするので、太陽は回転《かいてん》していると思います
つまり、月も太陽も地上といっしょです！　だから、地上の決まりは、天にも当てはまるんです！
なにをいうか！ 太陽には神《かみ》さまがいらっしゃるのだ。人をまどわすとは、けしからん!!

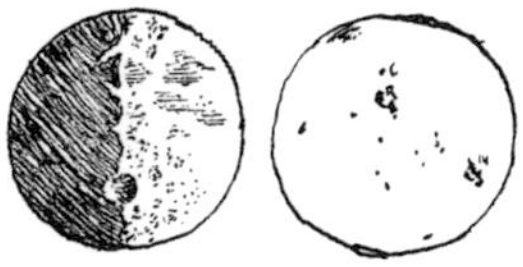

ガリレオが描《えが》いた月(左)と太陽(右)のスケッチだ。太陽を見すぎて、最《さい》後《ご》は目をやられたらしいよ。

遠くを見る道具がほしい！

ガリレオもニュートンも、星や太陽を観測《かんそく》するために、性能《せいのう》のよい望遠鏡《ぼうえんきょう》作りにはげんだ。

ガリレオ式の望遠鏡《ぼうえんきょう》

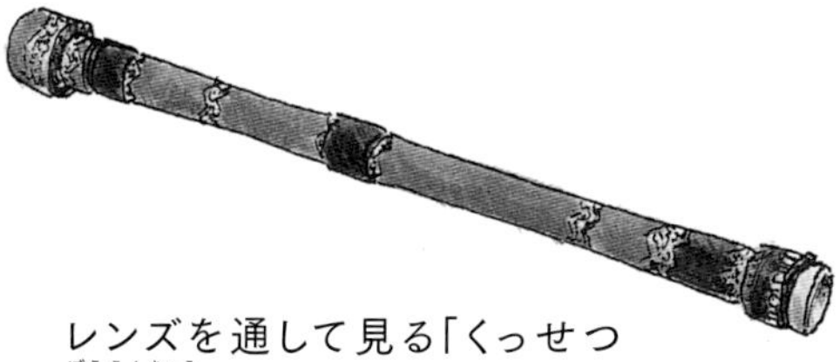

レンズを通して見る「くっせつ望遠鏡《ぼうえんきょう》」。光がレンズを通るとき、色にばらけるので、ぼやけてしまう。

◆しくみ

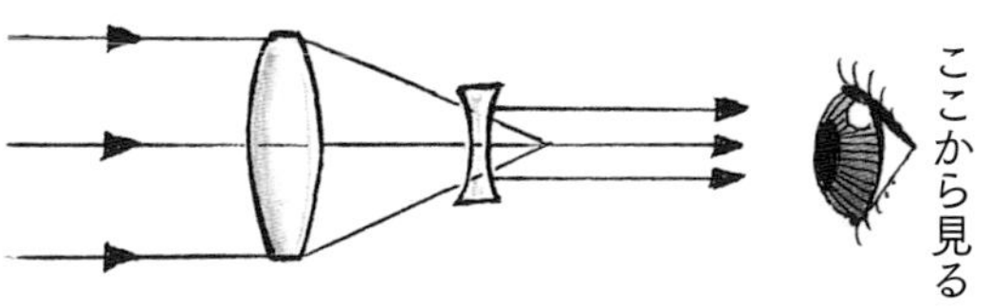

ふくらんだレンズで光を集める
ここから見る

ニュートン式の望遠鏡《ぼうえんきょう》

鏡《かがみ》で光を集めて反射《はんしゃ》させる「反射望遠鏡《はんしゃぼうえんきょう》」。ぼやけないし、遠くのものも大きく見える。ニュートンは光の性質《せいしつ》を研究《けんきゅう》して、ガリレオ式よりもよく見える望遠鏡《ぼうえんきょう》を作ることができた。

◆しくみ

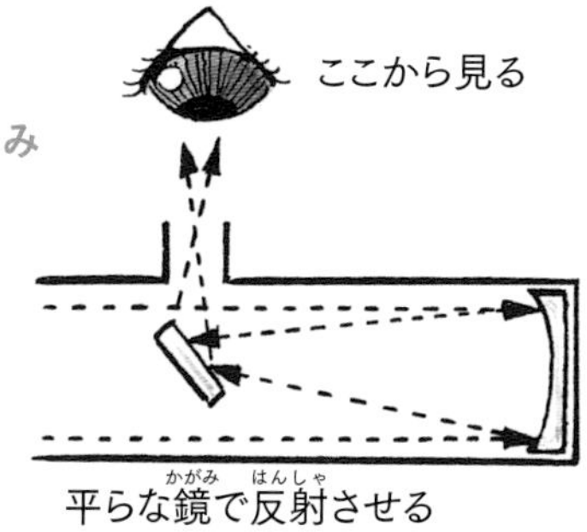

ここから見る
へこんだ鏡《かがみ》で光を集める
平らな鏡《かがみ》で反射《はんしゃ》させる

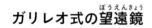

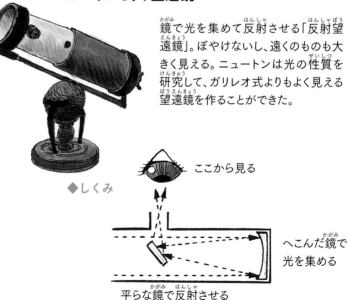

生き物の星、地球《ちきゅう》

地球《ちきゅう》に生命《せいめい》が生まれたのはなぜだろう。それは、太陽からの近さがちょうどよかったから。でも、大昔《おおむかし》にいた恐竜《きょうりゅう》はもういない。地球《ちきゅう》の自然《しぜん》が変化《へんか》して、生きていけなくなったんだ。

地球《ちきゅう》は長い時間をかけて、いまの姿《すがた》になったんだ
大昔《おおむかし》、地球《ちきゅう》は氷でおおわれていたにちがいない

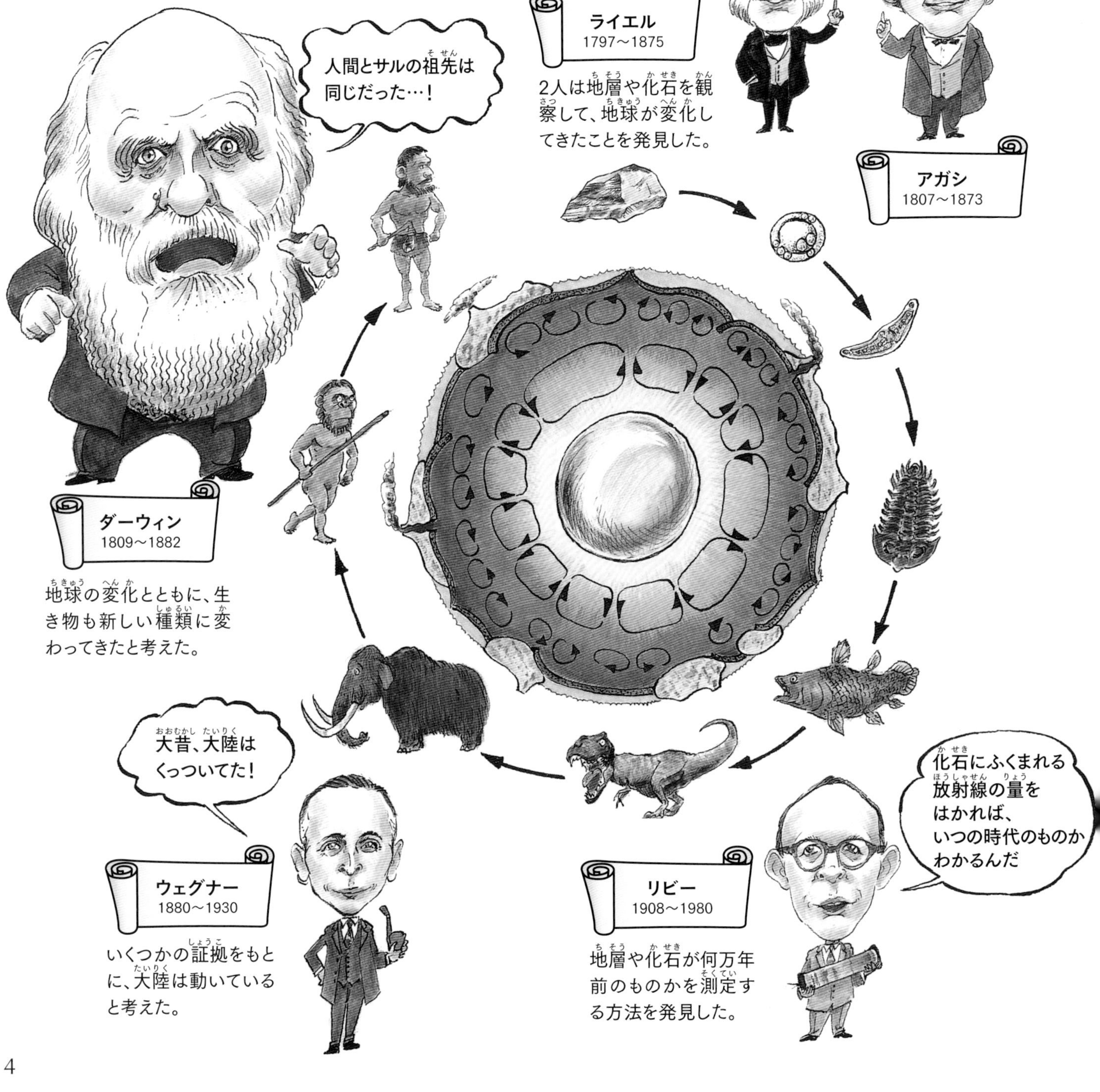
ライエル
1797〜1875
2人は地層《ちそう》や化石《かせき》を観《かん》察《さつ》して、地球《ちきゅう》が変化《へんか》してきたことを発見した。
アガシ
1807〜1873
人間とサルの祖先《そせん》は同じだった…!
ダーウィン
1809〜1882
地球《ちきゅう》の変化《へんか》とともに、生き物も新しい種類《しゅるい》に変《か》わってきたと考えた。
大昔《おおむかし》、大陸《たいりく》はくっついてた!
ウェグナー
1880〜1930
いくつかの証拠《しょうこ》をもとに、大陸《たいりく》は動いていると考えた。
化石《かせき》にふくまれる放射線《ほうしゃせん》の量《りょう》をはかれば、いつの時代のものかわかるんだ
リビー
1908〜1980
地層《ちそう》や化石《かせき》が何万年前のものかを測定《そくてい》する方法を発見した。

地球《ちきゅう》も生き物も変化《へんか》する

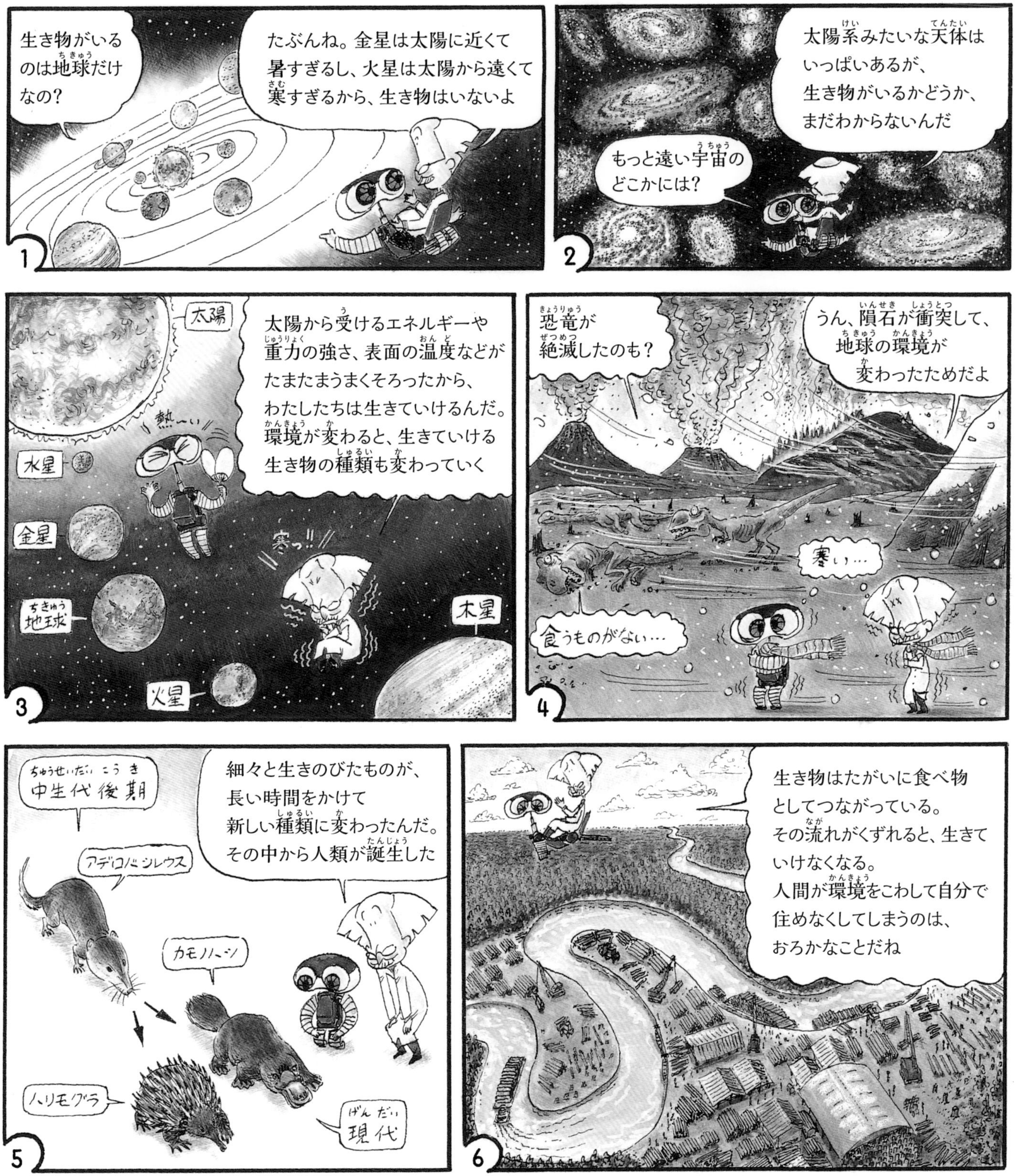
1
生き物がいるのは地球《ちきゅう》だけなの？
たぶんね。金星は太陽に近くて暑すぎるし、火星は太陽から遠くて寒《さむ》すぎるから、生き物はいないよ
2
もっと遠い宇宙《うちゅう》のどこかには？
太陽系《けい》みたいな天体《てんたい》はいっぱいあるが、生き物がいるかどうか、まだわからないんだ
3
太陽
水星
金星
地球《ちきゅう》
火星
木星
熱〜い
太陽から受《う》けるエネルギーや重力《じゅうりょく》の強さ、表面の温度《おんど》などがたまたまうまくそろったから、わたしたちは生きていけるんだ。環境《かんきょう》が変《か》わると、生きていける生き物の種類《しゅるい》も変《か》わっていく
寒っ!!
4
恐竜《きょうりゅう》が絶滅《ぜつめつ》したのも？
うん、隕石《いんせき》が衝突《しょうとつ》して、地球《ちきゅう》の環境《かんきょう》が変《か》わったためだよ
寒い…
食うものがない…
5
中生代《ちゅうせいだい》後期《こうき》
細々と生きのびたものが、長い時間をかけて新しい種類《しゅるい》に変わったんだ。その中から人類が誕生《たんじょう》した
アデロバシレウス
カモノハシ
ハリモグラ
現代《げんだい》
6
生き物はたがいに食べ物としてつながっている。その流《なが》れがくずれると、生きていけなくなる。人間が環境《かんきょう》をこわして自分で住めなくしてしまうのは、おろかなことだね

放射線《ほうしゃせん》：原子《げんし》（すべての物質《ぶっしつ》のもとになっている小さな粒《つぶ》）の中心にある、原子核《げんしかく》というかたい粒《つぶ》がこわれるときに出る粒子《りゅうし》。とても強いエネルギーを持っている。

ダーウィンの実験室《じっけんしつ》

ダーウィンは世界一周《せかいいっしゅう》の航海《こうかい》から帰ったあと、イギリスの屋敷《やしき》にこもって研究《けんきゅう》を続《つづ》け、地球《ちきゅう》にさまざまな生き物がいる理由を一冊《いっさつ》の本にまとめた。これが有名な「種《しゅ》の起源《きげん》」だ。

ダーウィンは大学を卒業《そつぎょう》したあと、世界《せかい》を一周《いっしゅう》する軍艦《ぐんかん》ビーグル号《ごう》に乗《の》り、博物学《はくぶつがく》の調査員《ちょうさいん》としてはたらいた。このときに、見たこともない生き物にたくさん出会ったんだ。
外国から集めた標本《ひょうほん》をたんねんに観察《かんさつ》して、生き物は同じ祖先《そせん》から枝分《えだわ》かれして、環境《かんきょう》に合わせて変化《へんか》したと考えるようになった。標本《ひょうほん》の中には、航海《こうかい》から持ち帰ったものもたくさんあるよ。
ダーウィンの祖《そ》
温度計
コート
ジャイロスコープ
ビーグル号《ごう》の航海図《こうかいず》
昆虫《こんちゅう》の標本《ひょうほん》
航海《こうかい》で使ったゼンマイ時計
ペットのポーリー
まき
ポーリーのベッド
霊長類《れいちょうるい》の頭骨《とうこつ》
イグアナの頭骨《とうこつ》
航海《こうかい》に持って行った水生顕微鏡《すいせいけんびきょう》
ひざかけ
手紙
ぼうし
観察用《かんさつ》のはち植え
鉱物《こうぶつ》の標本《ひょうほん》
地球儀《ちきゅうぎ》

質学者《しつがくしゃ》ライエル
妻《つま》エンマの祖父《そふ》
本だな
ロビンソンクルーソー
トムジョーンズ
ガリバー旅行記
アーサー王伝説
抒情民謡集
リア王
マクベス
ハムレット
失楽園
ジェーン・エア
嵐が丘
オリバー・ツイスト
不思議の国のアリス
虚栄の市
鏡
ろうそく
羽根《はね》ペン
だんろの
そうじ用具
だんろ
ウェッジウッドの
ティーカップ
ェッジウッドの
ィーポット
読みかけの本
テーブルゲーム
地図
標本《ひょうほん》ビン
奥《おく》さんは有名な陶磁器《とうじき》メーカー、ウェッジウッド家の出身で、子どもは10人もいたんだよ。
温室
奥《おく》さんのエンマ
ダーウィンの
子どもたち
試験管《しけんかん》立て
ハンマー
アクロマティック
顕微鏡《けんびきょう》
ブラシ
航海《こうかい》に
持って行った
水とう
航海《こうかい》に持って行った
ピストル
ダーウィン
引き出しつき
テーブル
ソファベッド
いろんな人が書いた探検記《たんけんき》録《ろく》や観察記録《かんさつきろく》もたくさん読んで、考えをまとめたんだよ。

地球《ちきゅう》の変化《へんか》がなぜわかる？

ふしぎ！

この時代のイギリスは、工業《こうぎょう》がさかんになって鉄《てつ》が使われはじめていた。石から鉄《てつ》を取り出すには石炭《せきたん》が必要《ひつよう》だったので、あちこちで石炭《せきたん》が掘《ほ》られて地面の下がむきだしになり、地層《ちそう》の研究《けんきゅう》がはじまったんだ。
アガシはアルプスを探検《たんけん》して地形を観察《かんさつ》し、地球《ちきゅう》に氷河期《ひょうがき》の時代があったことを知ったり、山の上に魚の化石《かせき》を発見《はっけん》したりした。
アガシ
ヘンな地形だ。まるで氷河《ひょうが》でけずり取られたようだ…
そうか！　大昔《おおむかし》は氷河《ひょうが》でおおわれていたんだ！
こんなところに魚の化石《かせき》？
山に魚の化石《かせき》があるのは、昔《むかし》は海の底《そこ》だったのが盛《も》り上がったんだな
ライエルは地層《ちそう》や化石《かせき》を観察《かんさつ》して、地球《ちきゅう》は変化《へんか》してきたと考えた。
この時代に火山が噴火《ふんか》したんだな
ライエル

ちがう！

ダーウィンは、世界一周《せかいいっしゅう》の航海《こうかい》で立ち寄《よ》ったガラパゴス諸島《しょとう》で、変《か》わった生き物をたくさん見た。そして、環境《かんきょう》の変化《へんか》に合わせて生き物も変化《へんか》したと考えるようになった。

かたい実を食べて
生きているんだな
このくちばしなら、
小さな虫を
つかまえられる
昆虫《こんちゅう》を食べるのに
便利《べんり》だな
ダーウィン

チュンチュン
同じ鳥でも島《しま》ごとにくちばしの形がちがうことに気づき、その理由を考えたんだ。

似《に》てる！

ウェグナーは世界《せかい》地図を見て、南アメリカ大陸《たいりく》とアフリカ大陸《たいりく》の海岸線が似《に》ていることに気づき、大陸《たいりく》は長い時間をかけて動いたと考えた。

ウェグナーの発表をきっかけに、地球《ちきゅう》の中の研究《けんきゅう》が進《すす》んだ。いまでは、大陸が動いたのはプレートが動いたためだと考えられている。

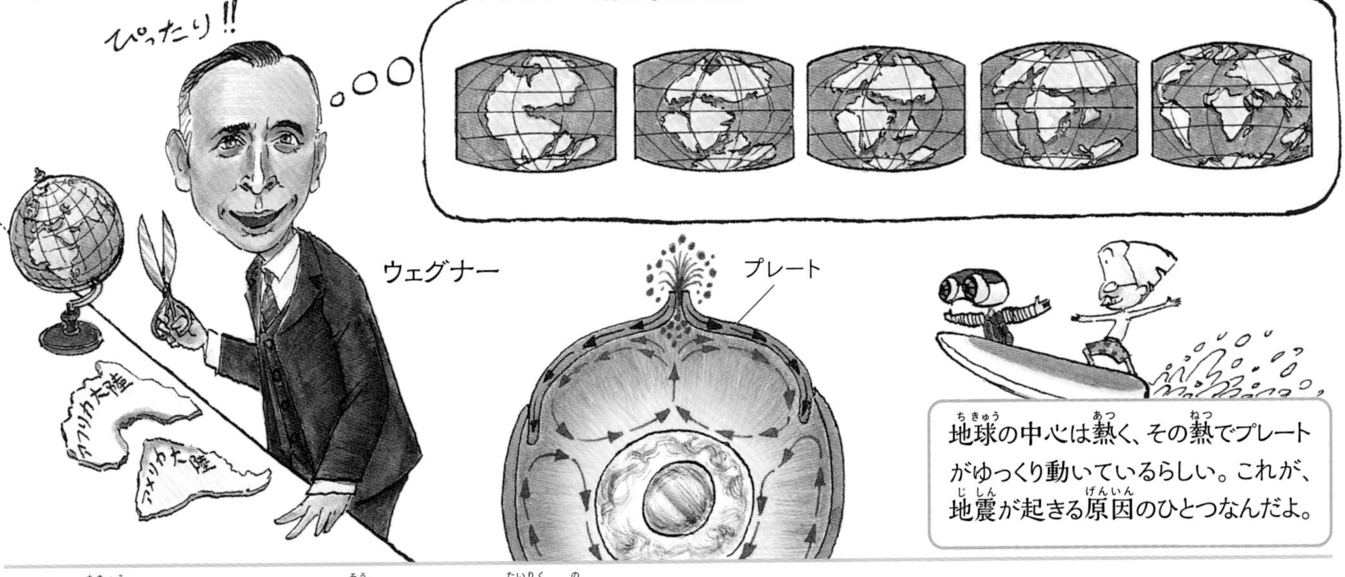
ぴったり!!
ウェグナー
アフリカ大陸
アメリカ大陸
プレート
地球《ちきゅう》の中心は熱《あつ》く、その熱《ねつ》でプレートがゆっくり動いているらしい。これが、地震《じしん》が起きる原因《げんいん》のひとつなんだよ。

プレート：地球《ちきゅう》の表面をおおっている岩の層《そう》。プレートの上に大陸《たいりく》が乗《の》っている。

星はなぜ光る

科学が進歩して、宇宙《うちゅう》にあるすべての物は、原子《げんし》という小さな粒《つぶ》からできていることがわかり、星の正体がわかったんだ。

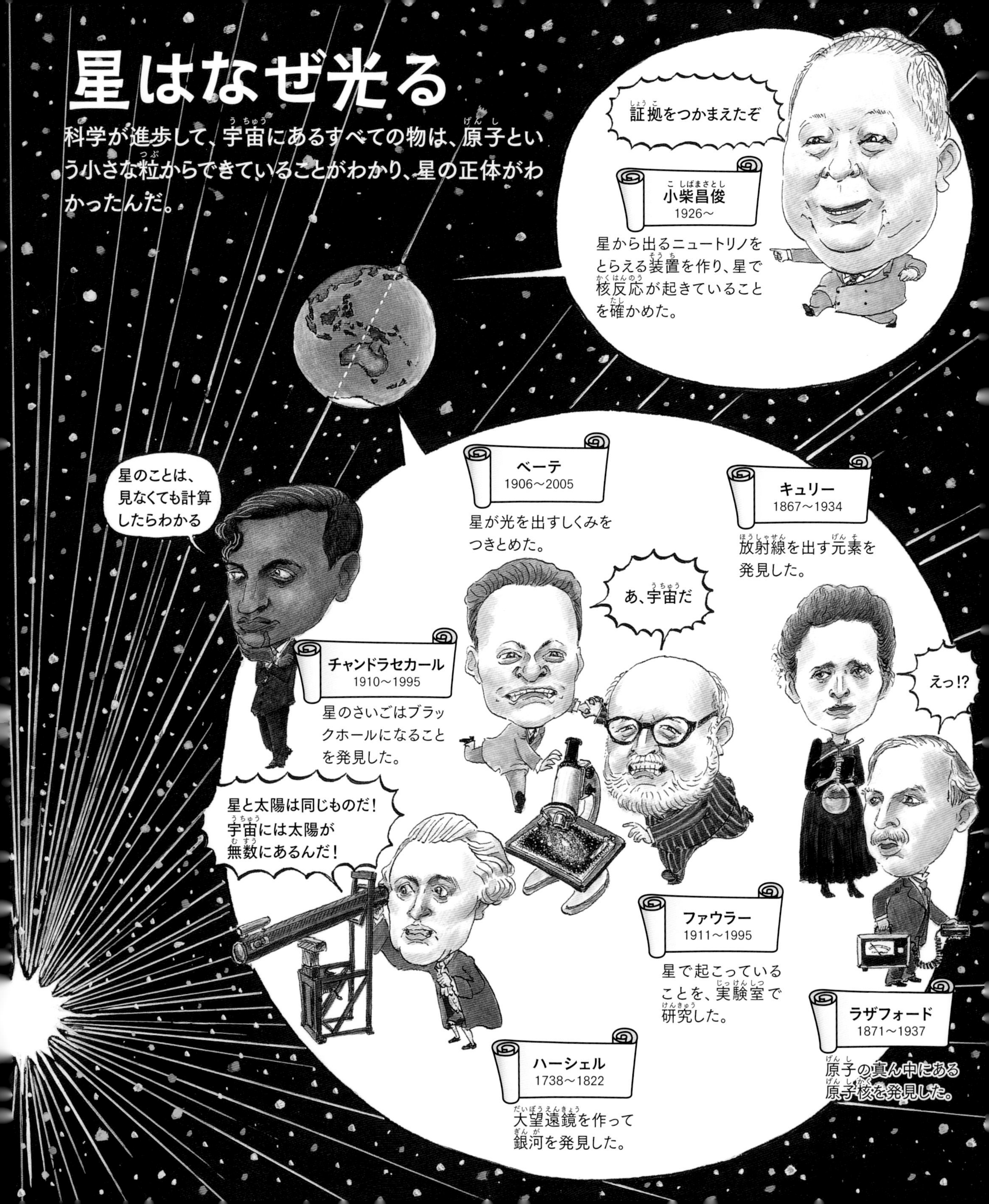

証拠《しょうこ》をつかまえたぞ
小柴昌俊《こしばまさとし》
1926～
星から出るニュートリノをとらえる装置《そうち》を作り、星で核反応《かくはんのう》が起きていることを確《たし》かめた。
星のことは、見なくても計算したらわかる
チャンドラセカール
1910～1995
星のさいごはブラックホールになることを発見した。
ベーテ
1906～2005
星が光を出すしくみをつきとめた。
あ、宇宙《うちゅう》だ
キュリー
1867～1934
放射線《ほうしゃせん》を出す元素《げんそ》を発見した。
えっ!?
星と太陽は同じものだ！宇宙《うちゅう》には太陽が無数《むすう》にあるんだ！
ファウラー
1911～1995
星で起こっていることを、実験室《じっけんしつ》で研究《けんきゅう》した。
ハーシェル
1738～1822
大望遠鏡《だいぼうえんきょう》を作って銀河《ぎんが》を発見した。
ラザフォード
1871～1937
原子《げんし》の真ん中にある原子核《げんしかく》を発見した。

星の光はエネルギー

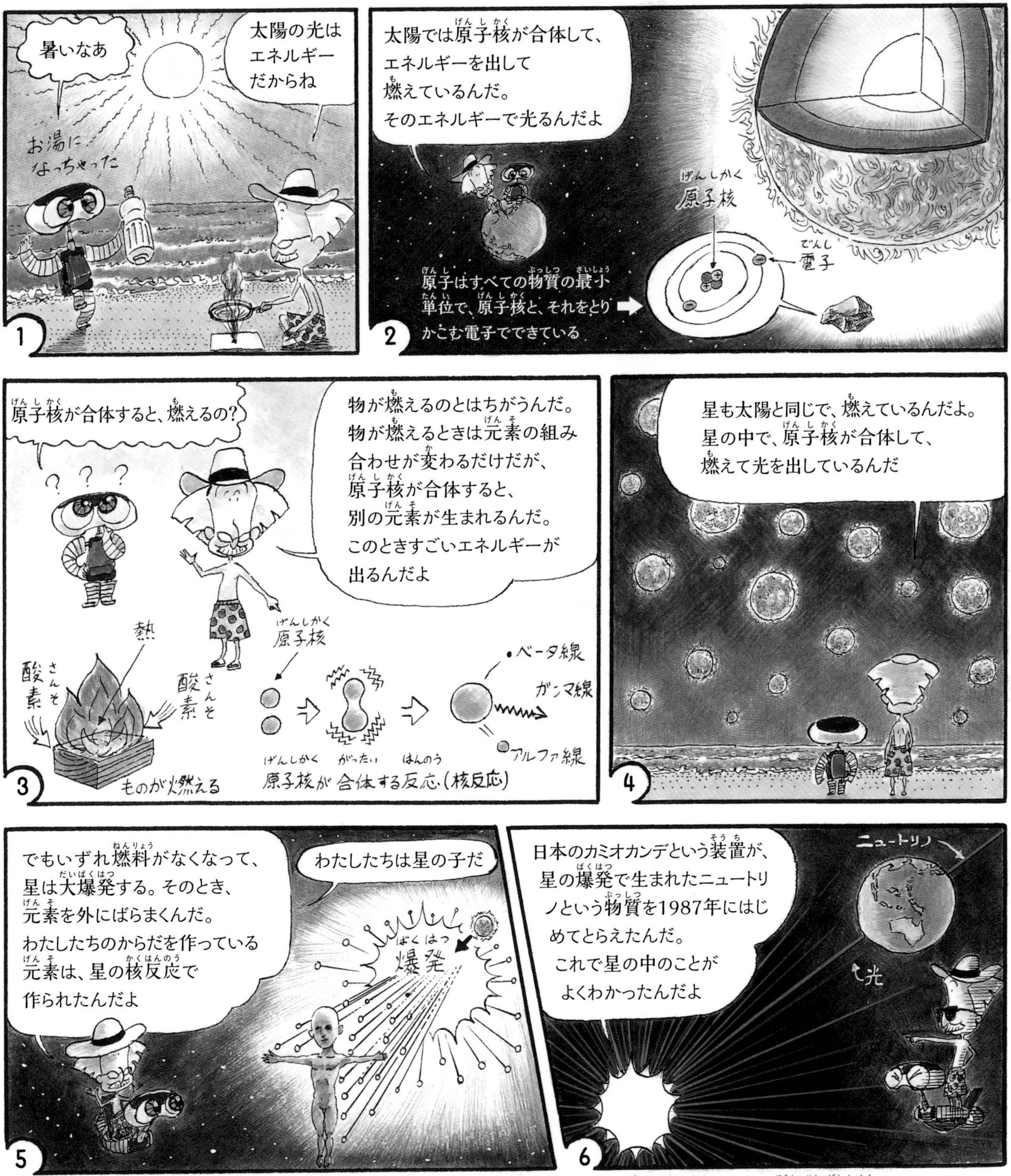

暑いなあ
太陽の光はエネルギーだからね
お湯になっちゃった
太陽では原子核《げんしかく》が合体して、エネルギーを出して燃《も》えているんだ。そのエネルギーで光るんだよ
原子核《げんしかく》
電子《でんし》
原子《げんし》はすべての物質《ぶっしつ》の最小《さいしょう》単位《たんい》で、原子核《げんしかく》と、それをとりかこむ電子でできている
原子核《げんしかく》が合体すると、燃《も》えるの?
???
物が燃《も》えるのとはちがうんだ。物が燃《も》えるときは元素《げんそ》の組み合わせが変《か》わるだけだが、原子核《げんしかく》が合体すると、別の元素《げんそ》が生まれるんだ。このときすごいエネルギーが出るんだよ
熱
酸素《さんそ》
酸素《さんそ》
ものが燃える
原子核《げんしかく》
ベータ線
ガンマ線
アルファ線
原子核《げんしかく》が合体《がったい》する反応《はんのう》(核反応)
星も太陽と同じで、燃《も》えているんだよ。星の中で、原子核《げんしかく》が合体して、燃《も》えて光を出しているんだ
でもいずれ燃料《ねんりょう》がなくなって、星は大爆発《だいばくはつ》する。そのとき、元素《げんそ》を外にばらまくんだ。わたしたちのからだを作っている元素《げんそ》は、星の核反応《かくはんのう》で作られたんだよ
わたしたちは星の子だ
爆発《ばくはつ》
日本のカミオカンデという装置《そうち》が、星の爆発《ばくはつ》で生まれたニュートリノという物質《ぶっしつ》を1987年にはじめてとらえたんだ。これで星の中のことがよくわかったんだよ
ニュートリノ
光

星:ここでは自分で光を出している星(恒星《こうせい》)をいう。 核反応《かくはんのう》:原子核《げんしかく》どうしが衝突《しょうとつ》して合体し、別の原子核《げんしかく》に変《か》わること。 放射線《ほうしゃせん》:原子核《げんしかく》がこわれるときに出るエネルギー。 原子核《げんしかく》:原子《げんし》の中心にあり、陽子《ようし》と中性子《ちゅうせいし》でできている。 元素《げんそ》:酸素《さんそ》や鉄《てつ》のように、物を性質《せいしつ》で分《わ》けたときそれ以上《いじょう》分《わ》けられないもの。

小柴昌俊《こしばまさとし》の実験室《じっけんしつ》

カミオカンデは、岐阜県《ぎふけん》の神岡鉱山《かみおかこうざん》の地下にある巨大《きょだい》な水のタンクだ。1987年、超新星爆発《ちょうしんせいばくはつ》でできたニュートリノをこの装置《そうち》でとらえ、ノーベル賞《しょう》を受賞《じゅしょう》した。星の一生を明らかにする研究《けんきゅう》だ。

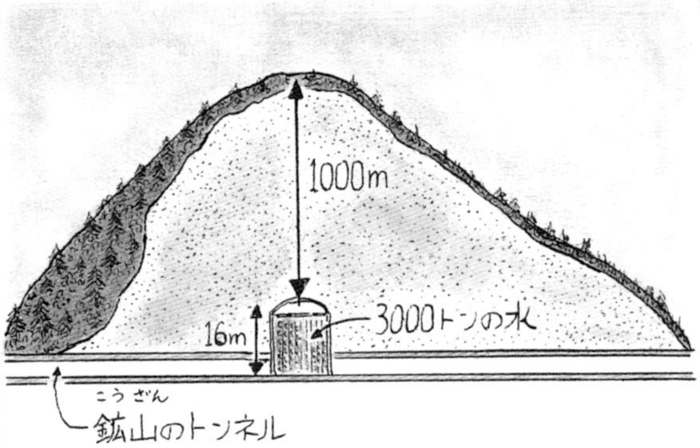
1000m
16m
3000トンの水
鉱山《こうざん》のトンネル

この巨大《きょだい》タンクは宇宙線《うちゅうせん》の影響《えいきょう》を受けないように山の中に作られ、場所の名前から「カミオカンデ」と名づけられた。

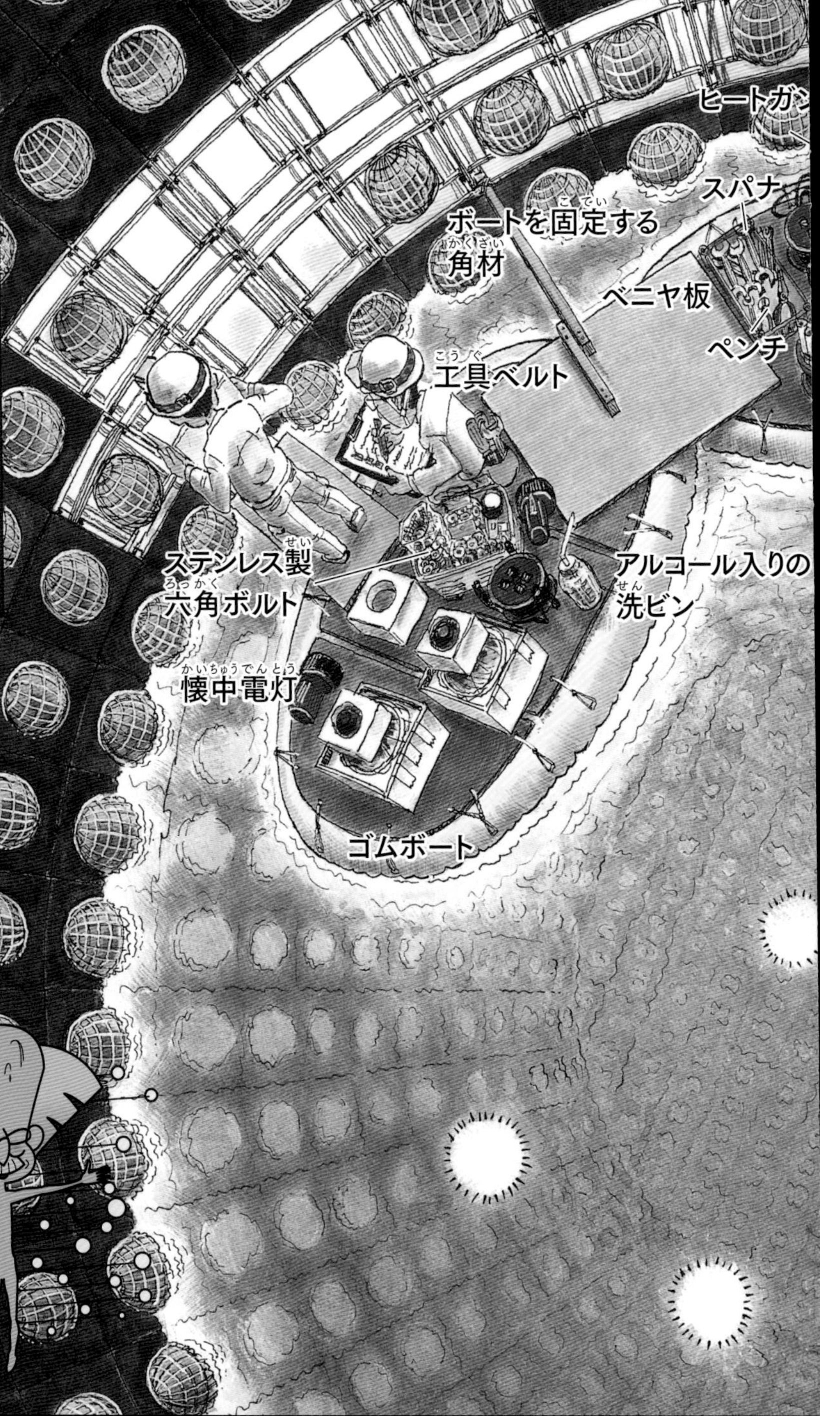
ヒートガン
スパナ
ボートを固定《こてい》する角材《かくざい》
ベニヤ板
ペンチ
工具《こうぐ》ベルト
ステンレス製《せい》六角《ろっかく》ボルト
アルコール入りの洗《せん》ビン
懐中電灯《かいちゅうでんとう》
ゴムボート

ニュートリノは原子核《げんしかく》が反応《はんのう》して出るエネルギーだ。宇宙《うちゅう》にいっぱい飛びかっていて、わたしたちのからだを1秒間《びょうかん》に何百兆《ちょう》個《こ》ものニュートリノが通過《つうか》しているんだよ。

超新星爆発《ちょうしんせいばくはつ》:巨大《きょだい》な星がさいごに起こす大爆発《だいばくはつ》。新しい星が生まれたかのように明るく輝《かがや》くので、「超新星《ちょうしんせい》」と呼《よ》ばれている。

星ってなに？

星は遠い太陽

ハーシェルは巨大《きょだい》な望遠鏡《ぼうえんきょう》でたくさんの星を観測《かんそく》して、地球《ちきゅう》からの距離《きょり》を調べた。

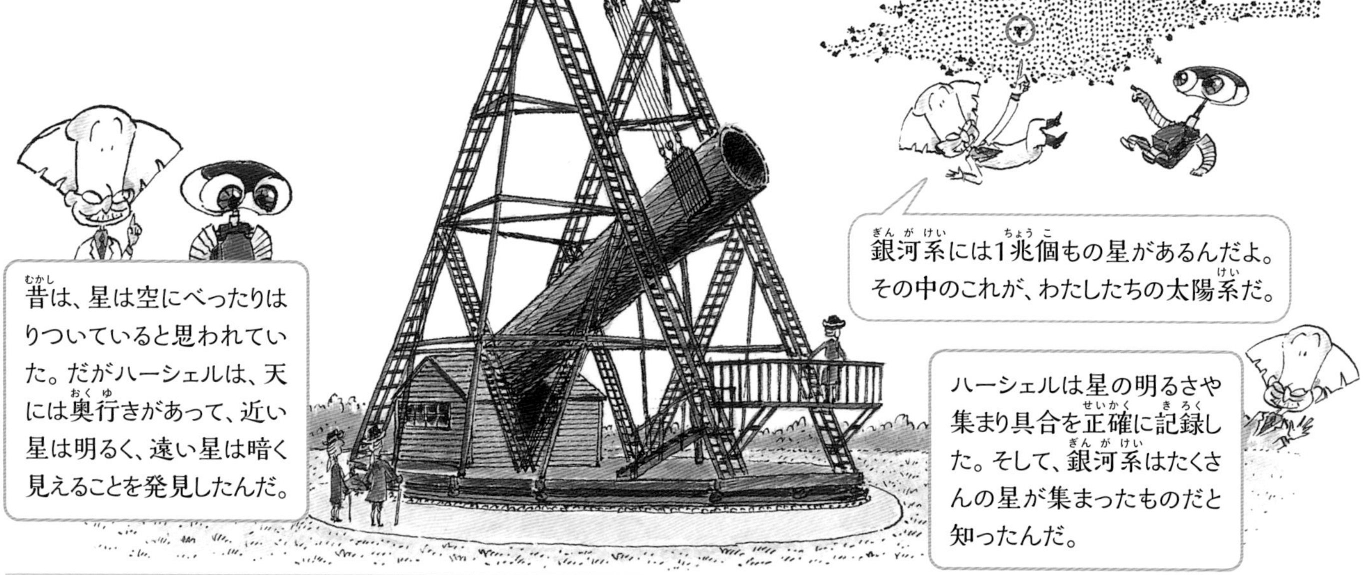

昔《むかし》は、星は空にべったりはりついていると思われていた。だがハーシェルは、天には奥行《おくゆ》きがあって、近い星は明るく、遠い星は暗く見えることを発見したんだ。

ハーシェルが描《えが》いた銀河系《ぎんがけい》(天《あま》の川《がわ》のこと)だ。200年以上も前に描《えが》かれたものだが、けっこうイイ線いってるよ。
銀河系《ぎんがけい》には1兆個《ちょうこ》もの星があるんだよ。その中のこれが、わたしたちの太陽系《けい》だ。
ハーシェルは星の明るさや集まり具合を正確《せいかく》に記録《きろく》した。そして、銀河系《ぎんがけい》はたくさんの星が集まったものだと知ったんだ。

星までの距離《きょり》がなぜわかる?

地球《ちきゅう》からどれだけ離《はな》れているか、どうしてわかるの?
見かけの明るさから計算できるんだ
1
星はどれも、だいたい同じ明るさの光を出している。でも、夜空の星の明るさはいろいろだね。それは、地球《ちきゅう》からの遠さがちがうからだ
ボクたち同じ明るさだよ
遠い
近い
2

光源《こうげん》
光は四方八方《しほうはっぽう》に広がるから、1の大きさで受けた光は、距離《きょり》が2倍になると4倍の面積《めんせき》で受ける。だから光の強さは4分の1にうすまる
1
2
3
光源からの距離
距離《きょり》が3倍になると、9倍の面積《めんせき》で受けて、光の強さは9分の1にうすまる
3
この法則《ほうそく》をもとに、一つひとつの星が地球《ちきゅう》からどれだけ遠くにあるか、はかれるんだ
4

星は元素《げんそ》の製造《せいぞう》工場

星の真ん中では、原子核《げんしかく》がぶつかってとけて混ざる、激《はげ》しい反応《はんのう》が起こっている。これが「核反応《かくはんのう》」だ。核反応《かくはんのう》が起きると、原子核《げんしかく》はさまざまに組み合わされ、いろんな元素《げんそ》が作られる。

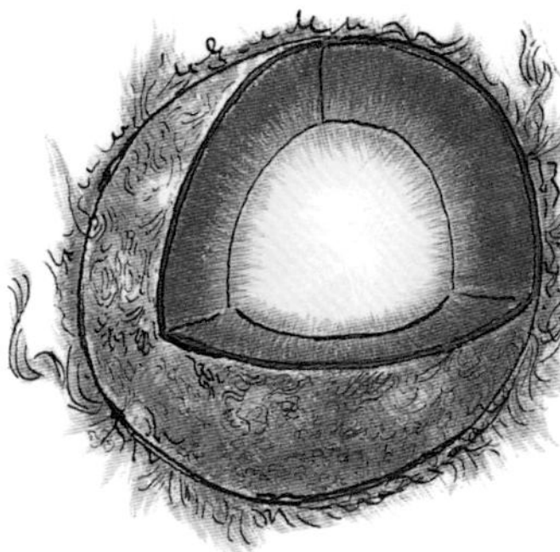

星ぼしは誕生《たんじょう》と爆発《ばくはつ》をくり返して、元素《げんそ》をまき散《ち》らしていった。こうして100種《しゅ》類《るい》ほどの元素《げんそ》ができたんだ。生き物から星まで、宇宙《うちゅう》のすべての物はこれらの元素《げんそ》の組み合わせでできているんだよ。

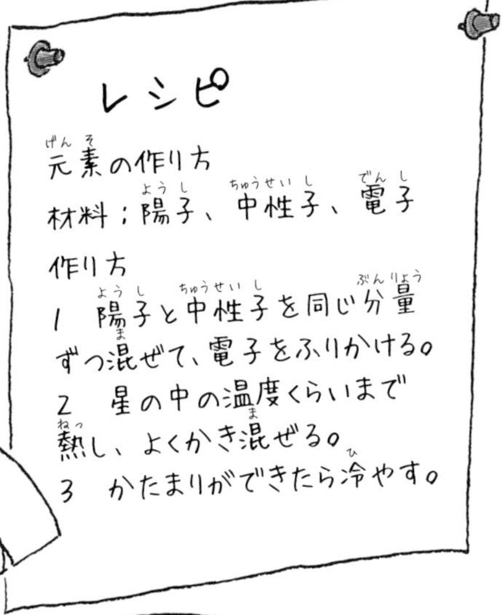
レシピ
元素《げんそ》の作り方
材料；陽子《ようし》、中性子《ちゅうせいし》、電子《でんし》
作り方
1　陽子《ようし》と中性子《ちゅうせいし》を同じ分量《ぶんりょう》ずつ混《ま》ぜて、電子をふりかける。
2　星の中の温度くらいまで熱《ねっ》し、よくかき混《ま》ぜる。
3　かたまりができたら冷《ひ》やす。

H_2O(水)
Fe(鉄)
Al
(アルミニウム)
Cu(銅)

これはヘリウム原子《げんし》。電子《でんし》はうんと外側《そとがわ》で原子核《げんしかく》をとりかこんでいる。

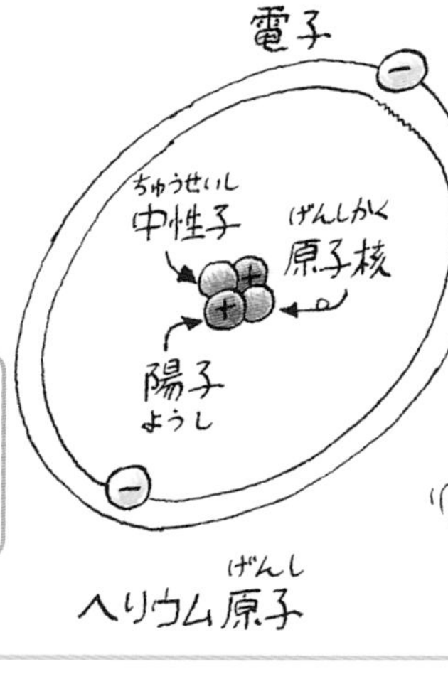
電子《でんし》
中性子《ちゅうせいし》
原子核《げんしかく》
陽子
ようし
ヘリウム原子《げんし》

星の中はたいへんな高温《こうおん》で、電子《でんし》は原子核《げんしかく》からはずれてかってに飛《と》び回っているんだ。

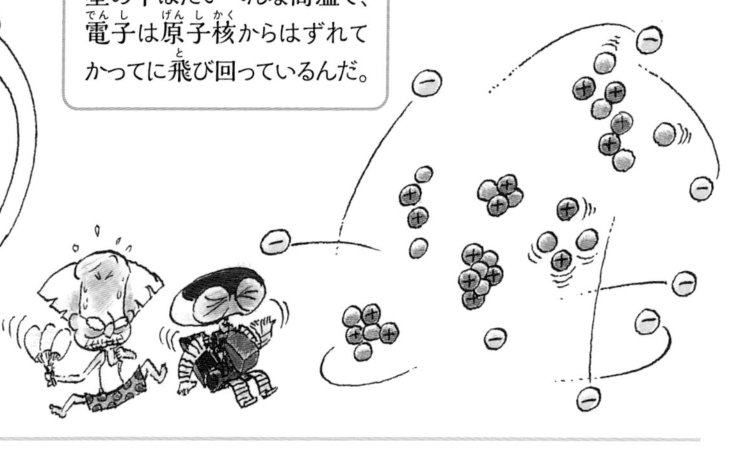

宇宙《うちゅう》は変化《へんか》している

宇宙《うちゅう》は、昔《むかし》からずっといまのような姿《すがた》だったわけじゃない。宇宙《うちゅう》が誕生《たんじょう》したときは目に見えないほど小さな火の玉で、星もなかったんだ。それが140億《おく》年かけてふくらんで、いまのような星の宇宙《うちゅう》になったんだ。

$R_{\mu\nu}-\frac{1}{2}g_{\mu\nu}R=-\frac{8\pi G}{c4}T_{\mu\nu}$
アインシュタインさんの計算どおりです。宇宙《うちゅう》はどんどんふくらんでいますよ！
やばっ！ 計算したら、宇宙《うちゅう》はふくらんでいることになっちゃう！
ハッブル
1889〜1953
遠くの銀河《ぎんが》ほど速いスピードで遠ざかっているのを発見した。
宇宙《うちゅう》がふくらんでるってことは、最初《さいしょ》はぎゅっとちぢんでいて、火の玉みたいに熱《あつ》かった！
その電波《でんぱ》は私《わたし》の予言どおりだよ
え、そうなの？ 知らなかった！
ビッグバン
アインシュタイン
1879〜1955
時間も空間も曲がると考えて、宇宙《うちゅう》のナゾにせまった。
ペンジアスとウィルソン
1933〜 1936〜
宇宙《うちゅう》のかなたからやってくる電波《でんぱ》をとらえ、ガモフの予言を証明《しょうめい》した。
ガモフ
1904〜1968
宇宙《うちゅう》はビッグバンではじまったと予言した。
大昔《おおむかし》の宇宙《うちゅう》に星はなく、わずかなムラが成《せい》長《ちょう》して銀河《ぎんが》になったみたいデスネ
PLANCK《プランク》 衛星《えいせい》
2009〜2013
宇宙《うちゅう》を観測《かんそく》する人工衛星《じんこうえいせい》。火の玉だったときの宇宙《うちゅう》からとどく電波《でんぱ》をくわしく観測《かんそく》した。

ぐうぜん見つけたビッグバンの証拠《しょうこ》

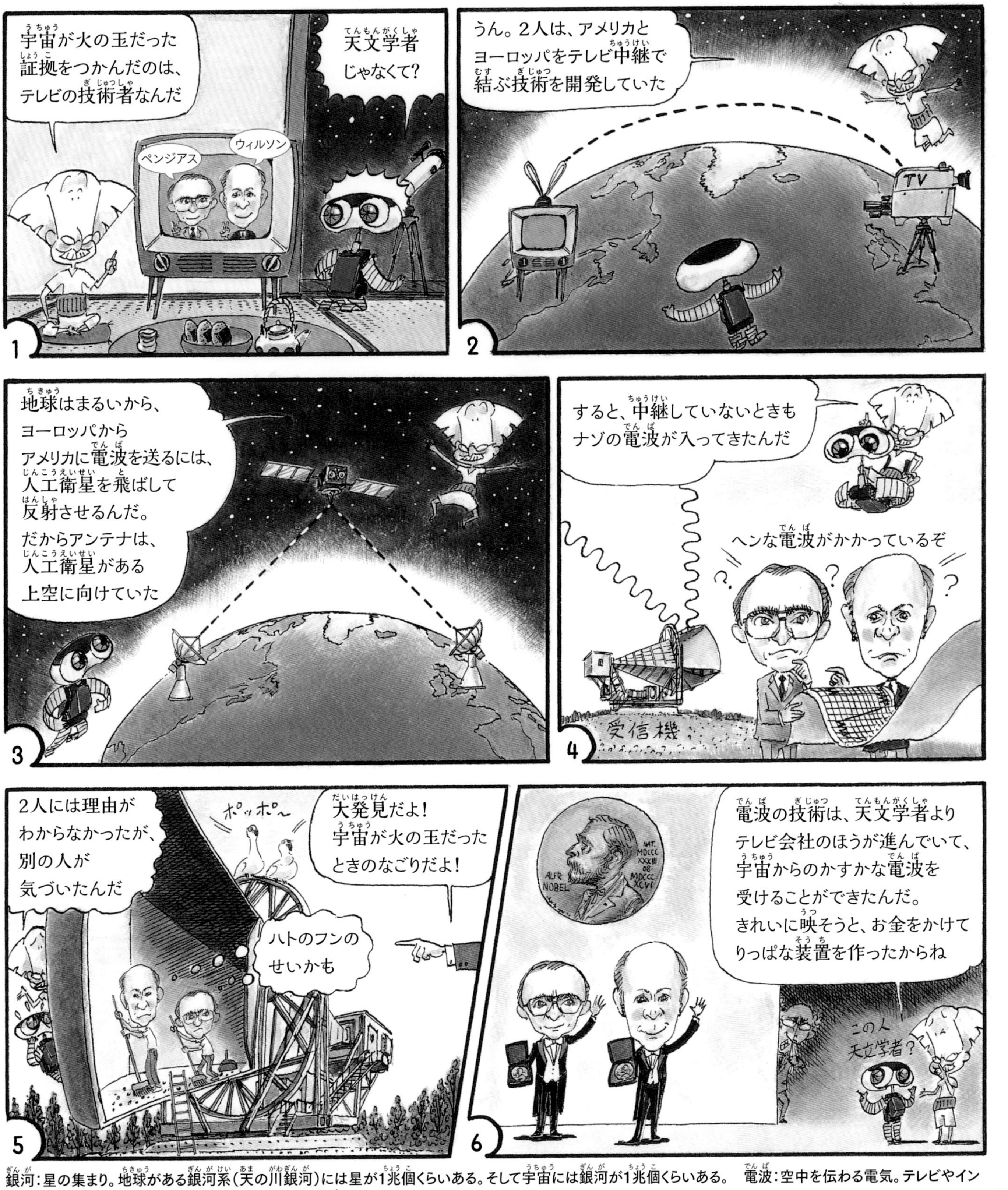

1
宇宙《うちゅう》が火の玉だった証拠《しょうこ》をつかんだのは、テレビの技術者《ぎじゅつしゃ》なんだ
ペンジアス
ウィルソン
天文学者《てんもんがくしゃ》じゃなくて？
2
うん。2人は、アメリカとヨーロッパをテレビ中継《ちゅうけい》で結《むす》ぶ技術《ぎじゅつ》を開発していた
TV
3
地球《ちきゅう》はまるいから、ヨーロッパからアメリカに電波《でんぱ》を送るには、人工衛星《じんこうえいせい》を飛《と》ばして反射《はんしゃ》させるんだ。だからアンテナは、人工衛星《じんこうえいせい》がある上空に向けていた
4
すると、中継《ちゅうけい》していないときもナゾの電波《でんぱ》が入ってきたんだ
ヘンな電波《でんぱ》がかかっているぞ
受信機
5
2人には理由がわからなかったが、別の人が気づいたんだ
ポッポ〜
大発見《だいはっけん》だよ！宇宙《うちゅう》が火の玉だったときのなごりだよ！
ハトのフンのせいかも
6
ALFR. NOBEL
NAT. MDCCC XXXIII OB. MDCCC XCVI
電波《でんぱ》の技術《ぎじゅつ》は、天文学者《てんもんがくしゃ》よりテレビ会社のほうが進んでいて、宇宙《うちゅう》からのかすかな電波《でんぱ》を受けることができたんだ。きれいに映《うつ》そうと、お金をかけてりっぱな装置《そうち》を作ったからね
この人天文学者？

銀河《ぎんが》：星の集まり。地球《ちきゅう》がある銀河系《ぎんがけい》（天《あま》の川銀河《がわぎんが》）には星が1兆個《ちょうこ》くらいある。そして宇宙《うちゅう》には銀河《ぎんが》が1兆個《ちょうこ》くらいある。　電波《でんぱ》：空中を伝わる電気。テレビやインターネットで絵や音や文字を送れるのは、これらを電波《でんぱ》に乗せて運んでいるから。

ペンジアスとウィルソンの実験室《じっけんしつ》

2人がアンテナを空のどこに向けても、ナゾの弱い電波《でんぱ》が入ってきた。それは、大昔《おおむかし》の宇宙《うちゅう》は火の玉のように熱《あつ》かったというビッグバンの証拠《しょうこ》だった。

ペンジアスとウィルソンは、くっきりしたテレビ映像《えいぞう》にするために、雑音《ざつおん》をへらした装置《そうち》を作った。そのおかげで弱い電波《でんぱ》に気づいたんだ。

CMB《シーエムビー》（宇宙《うちゅう》マイクロ波背景放射《ははいけいほうしゃ》）
回転駆動機《かいてんくどうき》
ホーンアンテナ
アンテナ反射板《はんしゃばん》
回転駆動台座《かいてんくどうだいざ》
可動《かどう》はしご

アンテナ駆動《くどう》マニュアル
予定表《よていひょう》
導波管《どうはかん》スイッチ
えんぴつけずり
DO NOT TOU FRAME
アンテナ駆動制御盤《くどうせいぎょばん》
回転接合器《せつごうき》
カプラ
注意掲示板《けいじばん》
電話
フィード・ホーン
メーター
自動ペン記録機《きろくき》
増幅器《ぞうふくき》回路
冷凍器《れいとうき》（ヘリウム窒素《ちっそ》デュア）
メーザー
電話番号表
ヘリウム補給圧縮機《ほきゅうあっしゅくき》
ラジオメーター
ブラシ
ちりとり
連続記録紙《れんぞくきろくし》
ケーブル
ペンジアス
冷房室外機《れいぼうしつがいき》
ウィルソン
ナゾの電波《でんぱ》があまりに弱くて、ウソかホントかわからなかった。そこでもっと弱い電波《でんぱ》を人工的《じんこうてき》に作って、これがキチンとはかれていることを確《たし》かめながらナゾの電波《でんぱ》を観測《かんそく》したんだ。冷凍器《れいとうき》は、そのために必要《ひつよう》な装置《そうち》なんだ。

宇宙《うちゅう》のことがどうしてわかる？

銀河《ぎんが》が遠ざかる？

ハッブルは、どの銀河《ぎんが》も地球《ちきゅう》から遠ざかっていること、そして遠い銀河《ぎんが》ほど速いスピードで遠ざかっていることに気づいた。

思ったとおりだ。これは、宇宙《うちゅう》がふくらんでるってことだ！
近い
遠い
→遠ざかるほど赤くなる

銀河《ぎんが》から出る光を観測《かんそく》して、遠ざかっていることを知ったんだ。遠ざかると、ほんとうの色より赤く見えるんだよ。その色のちがいから速度《そくど》をはかるんだ。

遠い銀河《ぎんが》ほど速く遠ざかる？

銀河《ぎんが》が遠ざかるようすを、ゴムひものたとえで説明《せつめい》しよう。

②ゴムひもに結《むす》び目を作る。これが銀河《ぎんが》のつもりだ。

①ピンでとめたところが、わたしたちがいる場所だ。

③ゴムひものはしを引っ張ると、結び目の間が広がる。

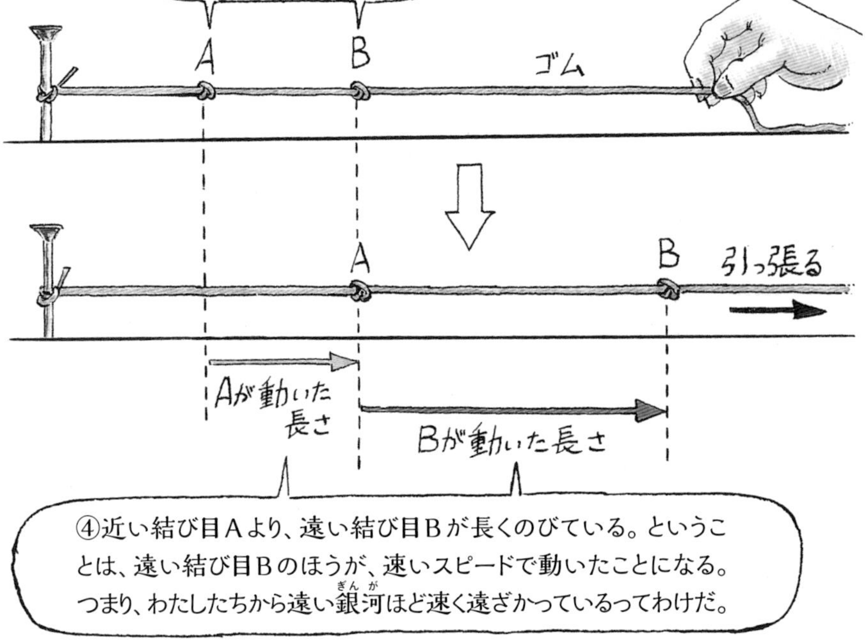
A
B
ゴム
A
B
引っ張る
Aが動いた長さ
Bが動いた長さ

④近い結び目Aより、遠い結び目Bが長くのびている。ということは、遠い結び目Bのほうが、速いスピードで動いたことになる。つまり、わたしたちから遠い銀河《ぎんが》ほど速く遠ざかっているってわけだ。

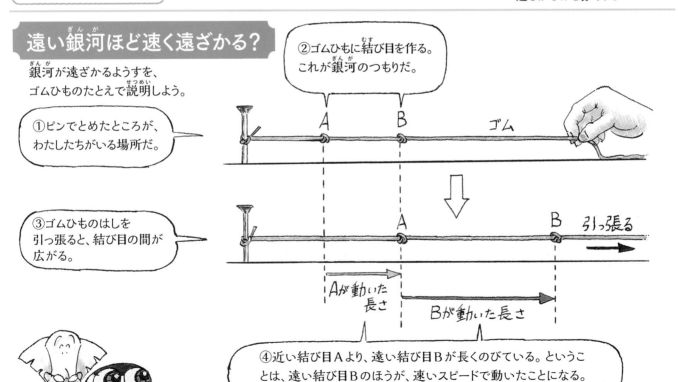

宇宙《うちゅう》のはじまりがどうしてわかる？

昔《むかし》の宇宙《うちゅう》を見る方法

10光年の星は、10年前にその星から出た光。1万光年の星の光は、1万年前に出た光…。こうしてどんどん昔《むかし》を見ていくと、まだ星がなかったときのビッグバンの光が見えるんだ。

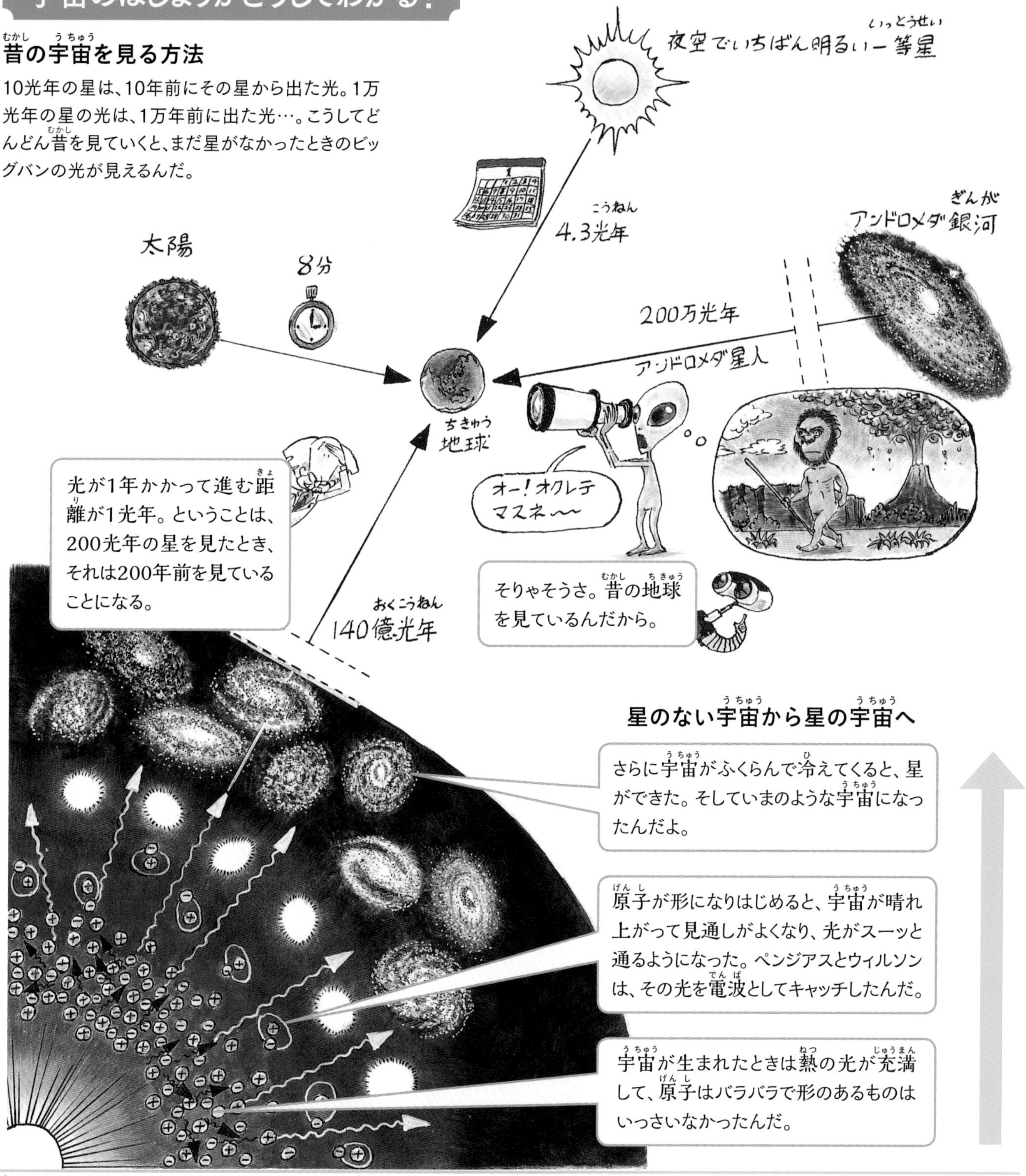

夜空でいちばん明るい一等星《いっとうせい》
4.3光年《こうねん》
アンドロメダ銀河《ぎんが》
太陽
8分
200万光年
アンドロメダ星人
地球《ちきゅう》
オー！オクレテマスネ〜〜
140億光年《おくこうねん》

光が1年かかって進む距《きょ》離《り》が1光年。ということは、200光年の星を見たとき、それは200年前を見ていることになる。

そりゃそうさ。昔《むかし》の地球《ちきゅう》を見ているんだから。

星のない宇宙《うちゅう》から星の宇宙《うちゅう》へ

さらに宇宙《うちゅう》がふくらんで冷《ひ》えてくると、星ができた。そしていまのような宇宙《うちゅう》になったんだよ。

原子《げんし》が形になりはじめると、宇宙《うちゅう》が晴れ上がって見通しがよくなり、光がスーッと通るようになった。ペンジアスとウィルソンは、その光を電波《でんぱ》としてキャッチしたんだ。

宇宙《うちゅう》が生まれたときは熱《ねつ》の光が充満《じゅうまん》して、原子《げんし》はバラバラで形のあるものはいっさいなかったんだ。

原子《げんし》：物質《ぶっしつ》の最小単位《さいしょうたんい》。宇宙《うちゅう》にあるすべてのものは、原子《げんし》という小さな粒《つぶ》からできている。

世紀《せいき》	1万年前ごろ 紀元前《きげんぜん》 紀元後《きげんご》	11	12	13	14	15	16	1
時代	縄文《じょうもん》時代 弥生《やよい》時代	平安《へいあん》時代		鎌倉《かまくら》・室町《むろまち》時代			戦国《せんごく》時代	

本書に登場する科学者 （ ）はページ

ユークリッド
紀元前《きげんぜん》300ごろ

形を数字であらわす方法《ほうほう》を考えた。
(2,7)

アルキメデス
紀元前《きげんぜん》287～212

身のまわりの問題を数字を使って解《と》こうとした。
(2,7)

エラトステネス
紀元前《きげんぜん》276～194

地球《ちきゅう》の大きさを計算で出した。
(2,3,4,6)

プトレマイオス
83ごろ～168ごろ

惑星《わくせい》はある規則《きそく》にしたがって動いていると考えた。
(8)

マゼラン
1480～1521

船で地球《ちきゅう》を一周《いっしゅう》した。
(2)

コペルニクス
1473～1543

地球《ちきゅう》が太陽のまわりを回っていることに気づいた。
(8)

ブラーエ
1546～1601

太陽と惑星《わくせい》の動きを正確《せいかく》に観測《かんそく》した。
(8)

ガリレオ
1564～1642

望遠鏡《ぼうえんきょう》で月や太陽を観察《かんさつ》して、天は特別《とくべつ》な場所ではないと知った。
(8,9,12,13)

ニュートン
1642～1727

星の動きは方程式《ほうていしき》(むずかしい算数の式)であらわせることを発見した
(8,9,10,13)

日本と世界の有名なできごと

狩《か》りや漁《りょう》のくらしを行う
四大文明が栄《さか》える
石器《せっき》が使われる
米作りの技術《ぎじゅつ》や金属器《きんぞくき》が大陸《たいりく》から伝《つた》わる
前五五〇ごろ　釈迦《しゃか》が生まれ、仏教《ぶっきょう》をひらく
ギリシャ古典《こてん》文化が栄《さか》える
前四ごろ　イエスが生まれる
キリスト教が成立《せいりつ》する
二三九　邪馬台国《やまたいこく》の卑弥呼《ひみこ》が魏《ぎ》(中国)に使いを送る
七九四　平安京《へいあんきょう》(京都《きょうと》)に都《みやこ》がうつされる
一〇〇八ごろ　紫式部《むらさきしきぶ》が「源氏物語《げんじものがたり》」を書く
一一八五　源氏《げんじ》が壇ノ浦《だんのうら》の戦《たたか》いで平家《へいけ》を破《やぶ》る
源頼朝《みなもとのよりとも》が鎌倉幕府《かまくらばくふ》をひらく。
イタリアでルネサンスがはじまる
一四九二　コロンブスがアメリカ大陸《たいりく》に到達《とうちゃく》する
一五一七　ルターが宗教改革《しゅうきょうかいかく》をはじめる
一五一九　マゼランが世界一周《いっしゅう》に出発する
一五四三　ポルトガル人が鉄砲《てっぽう》を伝《つた》える
一五四三　コペルニクスが地動説《ちどうせつ》を発表する
一五四九　スペインの宣教師《せんきょうし》ザビエルがキリスト教を伝《つた》える
一五七三　織田信長《おだのぶなが》が室町幕府《むろまちばくふ》をほろぼす
一五九〇　豊臣秀吉《とよとみひでよし》が全国を統一《とういつ》する
一六〇〇　関ケ原《せきがはら》の戦《たたか》いがおこる
一六〇三　徳川家康《とくがわいえやす》が征夷大将軍《せいいたいしょうぐん》になり、江戸《えど》に幕府《ばくふ》をひらく
一六四一　鎖国《さこく》が完成《かんせい》する

18	19
江戸《えど》時代	近現代《きんげんだい》

伊能忠敬《いのうただたか》
1745～1818

日本中を歩いて地図を作った。
(2)

ダーウィン
1809～1882

進化論《しんかろん》を唱《とな》えた。
(14,16,19)

キュリー
1867～1934

放射線《ほうしゃせん》を出す元《げん》素《そ》を発見した。
(20)

ライエル
1797～1875

アガシ
1807～1873

地層《ちそう》や化石《かせき》を観察《かんさつ》して、地球《ちきゅう》が変化《へんか》してきたことを発見した。
(14,17,18)

ウェグナー
1880～1930

大陸《たいりく》は動いていると考えた。
(14,19)

ラザフォード
1871～1937

原子《げんし》の真ん中にある原子核《げんしかく》を発見した。
(20)

アインシュタイン
1879～1955

光も重力《じゅうりょく》で曲がることを発見した。時間も空間も曲がると考えて、宇宙《うちゅう》のナゾにせまった。
(8,26)

ハーシェル
1738～1822

大望遠鏡《いぼうえんきょう》を作って銀河《んが》を発見した。
20,24)

一九一四　第一次《だいいちじ》世界大戦《たいせん》がはじまる(～一八)
一九〇四　日露戦争《にちろせんそう》がはじまる(～〇五)
一九〇一　ノーベル賞《しょう》が創設《そうせつ》される
一八九六　第1回国際《こくさい》オリンピック大会がアテネで開かれる
一八九四　日清戦争《にっしんせんそう》がはじまる(～九五)
一八八九　大日本帝国憲法《だいにほんていこくけんぽう》が発布《はっぷ》される
一八七三　富国強兵政策《ふこくきょうへいせいさく》がはじまる
一八七二　鉄道が開通する
一八六八　明治維新《めいじいしん》がはじまる
一八六三　アメリカで奴隷解放宣言《どれいかいほうせんげん》が出される
一八五三　アメリカ海軍《かいぐん》のペリーが浦賀《うらが》に来航《らいこう》して開国をせまる
一八五一　ロンドンで第1回万国博覧会《ばんこくはくらんかい》が開かれる
一七八九　フランス革命《かくめい》がおこる
このころからイギリスで産業革命《さんぎょうかくめい》がおこる
一七七六　アメリカが建国される
一七七四　杉田玄白《すぎたげんぱく》らが、解剖学《かいぼうがく》の本「解体新書《かいたいしんしょ》」を翻訳出版《ほんやくしゅっぱん》する

世紀《せいき》	20	21
時代	近現代《きんげんだい》	

本書に登場する科学者　（　）はページ

ベーテ
1906～2005

星が光を出すしくみをつきとめた。
(20)

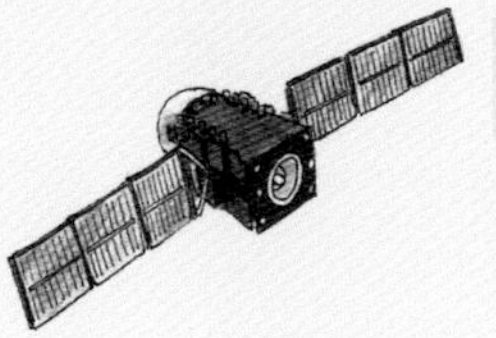

人工衛星《じんこうえいせい》
1957～

空から地球《ちきゅう》を見張《みは》っている。
(2,7,9,26,27)

ガモフ
1904～1968

宇宙《うちゅう》はビッグバンではじまったと予言した。
(26)

ファウラー
1911～1995

星で起こっていることを、実験室《じっけんしつ》で研究《けんきゅう》した。
(20)

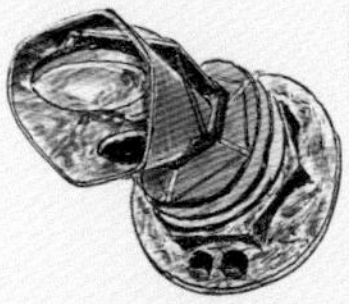

PLANCK《プランク》 衛星《えいせい》
2009～2013

宇宙《うちゅう》を観測《かんそく》する人《じん》衛星《えいせい》。火の玉だったきの宇宙《うちゅう》からとどく波《ぱ》をくわしく観測《かんそく》し
(26)

ハッブル
1889～1953

遠くの銀河《ぎんが》ほど速いスピードで遠ざかっているのを発見した。
(26,30)

リビー
1908～1980

地層《ちそう》や化石《かせき》が何万年前のものかを測定《そくてい》する方法を発見した。
(14)

小柴昌俊《こしばまさとし》
1926～

梶田隆章《かじたたかあき》
1959～

大型装置《おおがたそうち》でニュートリノをとらえ、星で核反応《かくはんのう》が起きていることを確《たし》かめた。
(20,22)

チャンドラセカール
1910～1995

星のさいごはブラックホールになることを発見した。
(20)

ペンジアス
1933～

ウィルソン
1936～

宇宙《うちゅう》のかなたからやってくる電波《でんぱ》をとらえ、ガモフの予言を証明《しょうめい》した。
(26,27,28,31)

日本と世界の有名なできごと

二〇一一　東日本大震災《ひがしにほんだいしんさい》がおこる
二〇〇三　イラク戦争《せんそう》がおこる
二〇〇一　アメリカで同時多発《どうじたはつ》テロがおこる
一九九五　阪神《はんしん》・淡路《あわじ》大震災《だいしんさい》がおこる
一九九三　EUが発足《ほっそく》する
一九九一　ソ連《れん》が解体《かいたい》する
一九九〇　東西ドイツが統一《とういつ》される
一九八九　ベルリンの壁《かべ》がこわされる
一九八六　ソ連《れん》のチェルノブイリ原子力発電所《げんしりょくはつでんしょ》で爆発事故《ばくはつじこ》がおこる
一九七二　日中共同声明《にっちゅうきょうどうせいめい》に調印《ちょういん》し、日本と中国の国交《こっこう》が正常化《せいじょうか》する
一九六九　アメリカのアポロ11号が月面着陸《げつめんちゃくりく》に成《せい》功《こう》する
一九六七　ECが発足《ほっそく》する
一九六五　ベトナム戦争《せんそう》がはげしくなる（～七五）
一九六四　オリンピック東京大会が開かれる
一九六一　ベルリンの壁《かべ》が作られる
高度経済成長《こうどけいざいせいちょう》がはじまる
一九五七　ソ連が世界初の人工衛星《じんこうえいせい》を打ち上げる
一九五〇　朝鮮戦争《ちょうせんせんそう》がはじまる（～五三）
一九四六　日本国憲法《にほんこくけんぽう》が公布《こうふ》される
一九四五　国際連合《こくさいれんごう》が発足《ほっそく》する
一九四五　広島《ひろしま》と長崎《ながさき》に原子爆弾《ばくだん》が落とされる
一九四一　太平洋戦争《たいへいようせんそう》がはじまる（～四五）
一九三九　第二次世界大戦《だいにじせかいたいせん》がはじまる（～四五）
一九三一　満州事変《まんしゅうじへん》がおこる
一九二二　ソビエト社会主義《しゅぎ》共和《きょうわ》国連邦《こくれんぽう》（ソ連）が成立《せいりつ》する
一九二〇　国際連盟《こくさいれんめい》が発足《ほっそく》する

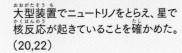

さくいん

この本では、科学者たちの実験室《じっけんしつ》を再現《さいげん》するために、世界中のたくさんの資料《しりょう》を探《さが》し回って調べたんだ。
それでも調べがつかなかったことは、その時代のようすから考えて想像《そうぞう》したんだよ。
ちょっとした遊びゴコロも入れてね

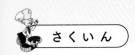

佐藤文隆(さとう　ふみたか)　編著

1938年山形県白鷹町生まれ。1960年京都大学卒、京都大学名誉教授、元湯川記念財団理事長。宇宙物理、一般相対論の理論物理学を専攻。著書に『宇宙物理への道』『湯川秀樹が考えたこと』(ともに岩波ジュニア新書)など一般書多数。

くさばよしみ　著

京都市生まれ。京都府立大学卒。編集者。編・著書に『世界でいちばん貧しい大統領のスピーチ』『地球を救う仕事全6巻』(ともに汐文社)、『おしごと図鑑シリーズ』(フレーベル館)、『科学にすがるな！』(岩波書店)ほか。

たなべたい　絵

京都市生まれ。京都精華大学美術学部デザイン学科マンガ分野、同大学院美術研究科諷刺画分野修了。大学2回生で漫画家デビュー後、漫画や似顔絵の分野で活動。2007年、第28回読売国際漫画大賞近藤日出造賞受賞。

デザイン：上野かおる・中島佳那子(鷺草デザイン事務所)

協　　力：中畑雅行(東京大学宇宙線研究所神岡宇宙素粒子研究施設長)

潜入《せんにゅう》！　天才科学者の実験室《じっけんしつ》

①宇宙《うちゅう》にはじまりはある？——ニュートンほか

2020年5月　初版第1刷発行

編著……………佐藤文隆
著………………くさばよしみ
絵………………たなべたい
発行者…………小安宏幸
発行所…………株式会社汐文社
〒102-0071
東京都千代田区富士見1-6-1
TEL 03-6862-5200　FAX 03-6862-5202
https://www.choubunsha.com
印刷……………新星社西川印刷株式会社
製本……………東京美術紙工協業組合

ISBN978-4-8113-2673-3